见识城邦

目 录

第一部分
新研究分支的诞生：天气背后的"气候"

第二部分

后果：归因科学的力量

口袋书版本序言

　　气候变化是一个事实。我们很早以前就知道这一点。1856年，美国科学家尤妮斯·牛顿·富特描述了温室效应，并通过实验予以验证，但这一发现在很大程度上被忽视了。40年后，瑞典人斯万特·阿列纽斯证实了富特的预测，并量化了温室气体之间的关系。进入20世纪，人们通过观测发现，全球平均气温正在上升。早在1965年，林登·B.约翰逊总统的科学顾问委员会就发出了全球变暖的警告。最迟自20世纪90年代以来，我们已经能够清楚地将气温上升归因于化石燃料燃烧所产生的过量温室气体。

　　截至今天，全球平均气温上升了约1℃。人人都知道，如果要阻止气温进一步上升，我们必须将化石燃料燃烧所产生的温室气体排放量减少到零（即净零排放）。那么，我为什么要写这本书呢？因为"知道"和"理解"之间有很大的区别，也因为我们必须学会适应新的情况。全球气候已经发生了变化：各大洲的气温都在上升。然而，我们并非生活在大陆平均气温下，而是生活在城市或乡村、热带地区或干旱地区、山峰之巅或山间之谷。在我们所在地区，我们必须应对气候变化的各种表现形式，为该地区的发展和相应的气候适应举措做出决策。如果我们要降低风险，并使我们的社会经受住变化的考验，就需要首先了解本地的气候情况，再决定是采取重建、止损还是其他面向未来的应对措施。通常情况下，往往在极端天气事件发生的那一刻，我们才意识到自己的脆弱。因此，必须在受极端天气影响最大的地区，也是最迫切需要知识的地方积累知识。人们需要了解自然灾害的成因，以便能够采取有效的对策。

归因科学（Attribution Science）将极端天气事件与人为气候变化直接联系起来。例如，高温天气对 2019—2020 年初的澳大利亚丛林大火起到了决定性的作用。这场毁灭性的大火吞噬了澳大利亚大陆东南部的生命、生活基础和生态系统。我们世界天气归因组织（World Weather Attribution Teams）的研究显示，如果没有发生气候变化，澳大利亚的高温至少会降低 1℃，丛林大火发生的概率可能不到现在的 1/2。气候变化也使导致火灾的天气条件出现的概率至少增加了 30%。也就是说，如果没有发生气候变化，这场大火所造成的破坏根本不会那么严重。

归因研究的第二个目标直接指向责任方：作为科学家，我们可以向那些对气候变化影响最大的企业和国家追究责任。基于我们的研究，工业碳排放企业的碳排放份额与特定气候影响的关联被揭示了出来。基于我们提供的证据，法院可以对有关碳生产者

陌生的天气

我们是第一代体验这种陌生天气的人——一种明显有别于祖父母、曾祖父母，甚至曾曾祖父母辈时代的天气。

自我出生起，地表温度上升了约 0.6℃。随之而来的是，我们的天气也发生了一些本质的变化。这种变化并非像平地惊雷般突然降临到我们的生活之中。相反，它如同一个坏习惯或一种身体疾病，悄然而至，缓缓袭来。迄今为止，至少在欧洲，它仅带来了一丝模糊的不安。

我们不安于滚滚的热浪，它本应距离我们千里之外；我们不安于倾盆的暴雨，它淹没了我们的街道和地下室；我们不安于肆虐的风暴，它们把大树连根拔起，让铁路运输陷入瘫痪。天气模式发生了一些变化。2018 年夏天，这种不安感更加强烈：高温炎热持续不断，带来无情的干旱，农民因农作物歉收而抱怨连连，所有人苦苦等待着一场降温。然而，人们的希望落空，降温始终没有到来……许多饱受高温之苦的人意识到，也许气候变化这件事并非只威胁到遥远的将来，就在此时此刻，它已经开始发威。

像这样有感而发的不只是德国人。2018 年 7 月初，在连绵的暴雨和洪水之后，数百名日本人被困于屋顶之上，情况更加糟糕。希腊人也难逃厄运：在 7 月底的一场森林大火后，雅典城东那条著名的马拉松大道两旁尽是烧毁的汽车残骸、烧焦的树木和没有窗户的房屋废墟。此后，人们又发现了因未能被及时救走而葬身火海、紧紧相拥赴死的人，还有几个人因惧怕被火舌吞噬而匆忙跳海，其中有 6 人溺水身亡。此前一年，极端天气已经重创了巴布达岛——2017 年 9 月，这个加勒比海岛被飓风"厄玛"完全摧毁，全部岛民不得不被疏散到邻近岛屿。

"如今我们正在遭遇全球史上最强的飓风，我认为这一切都不是偶然。"宾夕法尼亚州立大学的气候学家迈克尔·曼在 2017 年 9 月称。[1] 他提及了 2015 年的太平洋飓风"帕特里夏"、2016 年的南半球飓风"温斯顿"和 2017 年的大西洋飓风"厄玛"。

然而，还是有不少人一再追问：极端天气不是一直都有吗？众所周知，我们的感知和记忆会随着时间逐渐失真。30 年前，电视新闻积极报道北德平原的龙卷风或易北河的洪水，却对孟加拉国的洪水或肯尼亚的热浪罕有提及。而在当今的网络世界，哪怕世界上最不起眼的角落，也会被一条灾害警报拉近到我们的眼前。天气变得更加极端了——这个感受靠得住吗？

在很多情况下，答案应该是：是的，没错。因为我们人类已经改变了天气环境。每一种天气现象——无论是一场飓风，还是一场夏日小雨，其发生的环境条件都与 250 年前不同了。这意味着气候变化不是一个只影响所谓发展中国家的或在未来某天会困扰到我们子子孙孙的自然现象。它已经通过天气向我们所有人显露了它的面目。

最吊诡的是，我们很难说清，一场席卷德国的风暴到底是"寻常"的冬季风暴（我们只能自认倒霉），还是一场本应"百年一遇"甚至"千年一遇"，却提早到来的极端风暴。我们确确实实感受到，极端风暴发生的频率变得越来越高。由我们人类造成的气候变化，不可能是每一次天气事件的"幕后元凶"——尽管报纸头条常常这样暗示。因此，关于"天气是否变得更加极端"这个问题的正确答案应该是：在很多情况下是这样，但并非总是如此，也并非在所有情况下都如此。

要弄清楚是否有人为因素干预，就需要进行科学研究，这是我们世界天气归因组织的使命。2014年，几位科学家创立了世界天气归因项目，这在当时被视为气候学领域的一场革命。我们的方法是：对天气数据进行分析，并将其与我们计算机模型中的气候模型进行比较，从而重建极端天气的过程。基于此，我们便可用几天或几周的时间就能完成多年来看似不可能完成的任务：将特定天气事件归因于气候变化——或者相反，即证明某一特定天气事件与气候变化无关。这就是为什么我们将这个新的研究领域称为归因科学。我们不再像气候研究人员过去通常所做的那样，仅仅讨论30年以内的一般气候过程，而是研究直接影响我们当下的天气事件。

谈论当下的天气——实际上，长期以来，这在科学家中是不被看好的。这个项目恰好填补了这一空白，这也是有史以来人类第一次有办法对具体的天气事件做出可靠的陈述。在某种程度上，我们正在颠覆气候学。我们知道，这将引起一些同行的不满。我们做这件事的动力是什么呢？我们希望用具体的事实取代对天气成因的不安和模糊的直觉。在此之前，没有人在如此短的时间内做到过这一点。

为了追求收视率，媒体总是大举报道风暴、洪水和热浪本身及其后果，却很少分析和提示它们在当季和当地是否寻常。报纸通常也不会提及引发洪水的暴雨来自哪个地区，更不会明确它是不是极端天气事件。事实上，引发洪水的暴雨或许本身并无异常之处，却带来了异常的影响和后果。

无论过去还是现在，有些人视天气如神灵的旨意。我们早就知道，事实并非如此。今天我们发现天气在变化，是因为人类改变了气候。然而，这一事实往往在不同利益和意识形态的纷扰中被忽略。原则上，每个人都可以提出他们想要的东西：气候怀疑论者、能源行业代表及其政界支持者轻蔑地将风暴视为无常的大自然的常态。俗话说得好：坏天气一直都有。只要存在不确定性，煤炭、石油和天然气的开采以及燃烧就很难与天气直接挂钩。另一些人（包括美国的许多福音派教徒）认为，飓风来自"上帝之手"——它是上帝对世俗过错的惩罚。作为人类，我们必须承受。还有人认为，气候变化是唯一的罪魁祸首。这些人往往是环保活动家和科学家，他们的出发点不坏，想要敲响警钟，向沉睡的人类大举展示气候变化的危险。但是，正如我们所知，这又有点儿像是危言耸听。躲在气候变化背后的政客与"信仰型犯罪*者"如出一辙。明明是由于政策规划方面的缺失或失误导致天气事件演变成了灾难性事件，他们却一再说："看，不幸的是，我们什么也做不了，这都是气候变化造成的。"

这些说法都没有事实依据。查明事实是我们这个新学科的使命。在过去的四年里，我们多次使用新的方法来揭示气候变化是否以及在多大程度上影响到了我们的天气，包括热浪、干旱和洪水。我们的目标是，把气候学从未来拉回当下。

如果一切顺利，我们可以在一周内计算出气候变化对某一天气事件的具体影响，而媒体还在报道天气事件本身。我们采取的是实时行动，这一点很重要。只有这样，我们才能进入公众的讨论视野，让人们感觉到气候变化不是未来才会发生的某种现象，而是今天已经发生的事实——它就发生在我们的眼前。

借助新的方法，我们也可以让世界为不断变化的气候做更好的准备。只有了解哪些天气事件在世界的哪个地区、哪个季节更有可能发生，我们才能更有效地部署资金和灾害防御措施。这可以拯救生命。

我们的工作也极有可能帮助人们找到招致这些"陌生的天气"的"元凶"，并将它绳之以法。在未来，能源公司将更频繁地站在被告席上——第一批与气候变化相关的自然灾害诉讼正

---

* 信仰型犯罪指基于对政治、宗教的错误认知或反社会信仰所引起的犯罪。——译者注

在进行中。在归因研究的帮助下，这些公司会被追究责任，并对那些遭受气候损害却很少得到声援的人进行赔偿。

是的，事实是强大的，它不辩自明。我想用一个具体的事例告诉你，科学家是如何得出这些事实的。2017年横扫美国的"哈维"飓风，给休斯敦带来了令人难以置信的强降雨天气。在我看来，拿"哈维"做案例分析尤为合适，因为它不仅可以用来解释我们工作的基本原理，还可以揭示出受利益驱动的气候政策和游说主义的弊端。

第0日

一切都始于灾难性的前兆：超过30℃的海洋异常高温让墨西哥湾的热带低气压变成了热带风暴。在地球自转的驱动下，高达几千米的云山绕着风暴中心逆时针旋转。这不仅导致了极端的风速，而且带来了巨大的降雨。这就是卫星云图显示的情况。

风暴不断地从温暖的海水中吸纳新的、温暖而潮湿的空气，这给涡旋气流带来了更大的威力。气象学家旋即将热带风暴升级为飓风。而它正高速向得克萨斯州海岸飞驰——更确切地说，是朝着休斯敦的方向。作为美国第四大城市，休斯敦的周边地区有近700万居民和无数个炼油厂，是一个巨大的石油转运中心。这唤起了人们对飓风"卡特里娜"的回忆：在2005年那场发生在美国的飓风中，死亡人数之多，在过去100多年里未曾有过。

今天是 2017 年 8 月 24 日，新的历史事件即将发生。它甚至已经有了一个名字——哈维。在大西洋彼岸的牛津——7700千米的安全距离之外，我从口袋里掏出手机，在早餐前查看关于"哈维"的新闻。美国气象学家埃里克·霍尔特豪斯（Eric Holthaus）的一条推特吸引了我的注意。

刚刚完成我的 GFS（全球预报系统）建模（12Z），它显示得克萨斯州将发生一场洪灾。在接下来三四天，得克萨斯州的降雨量将达到 600~1200 毫米。请务必重视。

我很清楚：我们必须采取行动。我们必须找到罪魁祸首，而且必须在所有人都关注得州的时候这样做。

休斯敦、美国和世界其他地方的许多人如何看待这场飓风，将取决于我们。谁最终会被指认为这场飓风的罪魁祸首，将取决于我们。

这是大自然的一种讽刺。"哈维"是多年来首个袭击美国沿海城市的飓风，很可能使这座城市陷入混乱。如今，白宫里的在任总统否认气候变化，并宣布他的国家——历史上最大的温室气体排放国——将退出《巴黎协定》。这将使美国成为世界上唯一正式拒绝继续减少温室气体排放的国家。

如果我们不发声，我们的团队不进行干预，就等于把舞台留给了那些只追求政治目的的、按照自己的世界观进行胡乱猜测的人。这会让大多数人继续误以为天气和气候之间没有关联，或者至少认为这种关联过于复杂，以至于无法计算。

气候学家也对这种想法有所助力。他们在评论每一场风暴时都会说，不能把单一的天气事件归因于气候变化。如果想进行可靠的陈述，至少需要 30 年时间。让气候研究人员去谈谈某一个具体的天气事件？这在很长一段时间内是不可能的。对许多人来说，这仍然是一个禁忌。

然而，今天所有的天气事件都是在不断变化的环境条件下发生的。毕竟，几个世纪以来，我们一直在燃烧化石燃料，使大气升温了约 1℃，改变了高低气压区之间的循环。如今，每一场风暴都与气候变化相关。唯一的问题是：这种相关度有多高？气候变化是削弱了风暴，还是加强了风暴？——两者皆有可能。而这正是我们工作的起点。

关于"哈维"的难题是，我们的团队从来没有计算过飓风。作为一名物理学家，我对飓风充满敬意——它非常复杂。1979年，卫星时代开启后，人们才有机会认真地观测它。但是，与干旱和热浪不同，由于每一场飓风只覆盖很小的区域，因此在气候模型中很难被模拟。

我不确定我们能否成功，尤其是在几周甚至几天内。如果我们因为赶时间而计算错误，就可能危及这门新建立的研究分支来之不易的声誉。绕过科学界惯常的、耗时的——原则上也是必要的研究发表程序，在全世界还在谈论这一天气事件的时候就公布研究结果，是很冒险的事情。

但这正是我们必须做的——如果我们真的想有所作为，介入这场大讨论，并使气候学处于攻势的话。我们意识到自己正如履薄冰，冰面随时都有可能破裂。毕竟，我们正在打破几个世纪以来确立的科研质量控制的核心原则，即所谓的同行评议，这至少需要一个过渡的时间。在一项研究结果发表在科学出版物上之前，来自同一专业领域的独立评审员会对其进行审查。这有它的意义。我们也一度渴望有同行对我们的分析进行评议。

通常情况下，我们也会遵守惯例，但在开发新的研究方法时除外。时间不等人。如果等几个月才公布结果，公众对于所发生的事情早已失去了兴趣。其间可能会发生其他极端天气事件，公民、媒体和政界人士的所有注意力会像探照灯一样集中在这些新天气事件上。而此时，我们所研究的场域已是一片黑暗。

因此，我们会将同行评议程序分为两个步骤。我们深知这会引发争议。然而，我们不会在计算完成后就不加选择地公布所有可能的数据。我们使用的是已经在同行评议期刊上公布过的计算方法。只有当我们计算的是一次新天气事件，而非某一新天气类型时，才会在同行评议前将计算结果公之于众。诚然，这有悖于科研惯例，但不妨碍我们做出好的科研。

那么，我们是谁呢？

我们的团队

我们既不是警察，也不是救灾人员或医护人员，更不是政治家。我们是气候研究人员，但又不是一般的气候研究人员。

我们的团队包括三名气候学家：海尔特·扬·范·奥尔登堡（Geert Jan van Oldenborgh）、我和我们的经理人——海洋学家海蒂·卡伦（Heidi Cullen）。我们是一个配合默契的团队。即便没有什么新鲜事发生，我们也会至少每两周召开一次视频会议。如果出现值得研究的案例，我们几乎每天都碰一次头。这是我们从2014年以来一直在做的事：海蒂在普林斯顿，海尔特·扬来自（荷兰）德比尔特，而我当时在牛津。我们并不孤单，许多人支持我们的工作，包括我在牛津大学环境变化研究所的同事。但最终重任落在我们三人的肩头。我们是最终做决定的人，决定研究什么样的案例，判断这个案例发展到什么程度才能将事实弄得足够清楚，以及我们什么时候将其公之于众。今天也不例外。

下午1点，会议开始了。此时此刻，"哈维"已经接近陆地，且改变了形状——这并不是什么好消息。空军的战斗机飞行员已飞越热带风暴，发现了风暴眼。[2] 在墨西哥湾的温暖海面之上，半天之内，涡旋气流又得到了进一步加强，目前最大风速已达到每小时160千米——早上的时候，风速还不到每小时100千米。[3] 得克萨斯州州长格雷格·阿博特表示，为了预警起见，他将宣布得州进入灾难状态，以便在紧急情况下更快地采取行动。根据美国国家飓风中心的数据，"哈维"预计在周五晚或周六凌晨跨越海岸。

美国总统唐纳德·特朗普也做出了回应。他向全世界发送了他在华盛顿特区联邦紧急事务管理局办公室的照片。照片显示，

第一部分

新研究分支的诞生：
天气背后的"气候"

气体之间的联系。自此，我们便知道了这件事。

自 1776 年以来，地球的气温上升了约 1℃。这一年，詹姆斯·瓦特改进的蒸汽机投入使用，人类进入"蒸汽时代"。起初，二氧化碳排放量的增加速度是缓慢的。截至 1960 年，全球平均气温只上升了 0.2℃。然而，随着工业化进程不断加速，二氧化碳的排放量迅速增加。到今天，世界各地的气温已经上升了 1℃。迄今为止，地球上最热的年份是 2016 年，其次是 2017 年和 2015 年，再次是 2014 年、2010 年、2013 年和 2007 年。可见，地球上目前为止最热的 7 个年份都在过去的 10 年中。[*]

然而，全球平均气温多出来的这 1℃，是一个抽象的衡量标准。人们虽然确确实实已经察觉到它的影响，但并没有在第一时间注意到它。说白了就是，全球平均气温的改变不会杀死任何人，至少不是直接要人命。

但它对天气的影响会要人命。

气候变化的面孔

对于气温而言，上升 1℃ 的影响是巨大的。由于地球的大气层与大气环流相连，因此地球上几乎所有地区的气温都在上升。简单来说，到处都在变暖，出现热浪的概率增加了，而发生寒潮

---

[*] 这本书的写作年份是 2020 年。——编者注

的概率减小了。

大气层变暖之后，可以在水凝结形成云之前容纳更多水蒸气。水会在空气和云层中储存数日。但如果空气湿度超过100%，水会再次以雨或雪的形式落下。计算的方法很简单：空气中吸收的水分越多，降雨就越多。你可以把它比作一块海绵。海绵越大，吸收的水就越多——一旦被压缩，它就会再次释放出相同的水量。我们的大气层就是一块不断膨胀的海绵。

在热带地区，我们可以很好地观测到这一点。那里的降雨量通常比我们所在的纬度地区大得多。即使在德国或英国，我们也能看到这种差异：只需比较一下季节，就会发现，夏季的降雨量往往比冬季大得多。

然而，地球变暖并不意味着全球各地都经历热带降雨。从全球平均水平看，降雨量是增加的，降雨强度是上升的。但具体来看，降雨量在一些地方是增加的，而在另一些地方则是减少的。

大气层变暖，并容纳更多的水蒸气，这符合基本的物理定律。气候学家将这两种现象概括为热力学效应。

但是，气候变化还有着影响天气的另外一种方式：温室气体排放不仅使大气层变暖，而且改变了大气层的成分——越来越多的二氧化碳、甲烷和水蒸气在积聚，随之而来的是大气环流发生变化。

大气环流本质上是空气的流动，从感受的角度上，我们称之为风。它是从不断被平衡的气压差和温度差中产生的。如果你吹过气球，并在打结前放掉它，就会知道，如果不对气囊加以密封，高压和低压最终会趋于平衡。由于地球近似球形，阳光又垂直照射在赤道上，与两极之间形成锐角，因此，赤道比两极得到的阳光更多，这就形成了温差，也形成了覆盖整个半球的风系。于是，在冷暖气团相遇的地方就产生了喷射气流。这些气流因地球自转而发生偏转和加速。它们在高风速和高海拔地区永久地吹动。

在较小的维度内，也存在气压差和温度差：陆地的空气升温速度比水面快，平原比山地快。云层也会影响气温和气压。如果我们改变这一切，即改变气温、大气层组成和云层形成，就能改变大气环流（事实上，这种事已经发生）。这意味着被改变的事情有很多，例如，何时何地形成低气压和高气压，它们往何处移动，何时何地下雨，风的强度有多大，每年什么时候刮，从哪个方向吹来。

其他因素，例如土地利用及其与大气的相互作用，也会发挥一定的影响。

这些变化有其后果。今天，飓风可以在以前从未出现的地方形成。因为海洋正在变暖，在某些地方，大气中的涡旋得以从温暖的海水中吸收足够的能量，从而突破历史的"门槛"，升级为飓风。几个世纪以来，我们的天气一直能够在一个稳定的气候机制下安顿地自洽。然而，随着全球变暖，我们所熟知的降雨、干旱和风暴模式都发生了变化。

大气环流发生改变的后果就是我们气候研究人员所说的动态效应。它也符合物理定律，但比热力学效应要复杂得多。

这两种效应不是单独发生的，而总是一起发生。但由于强度不同，作用方向也不同，它们对天气的影响也有很大的差异。如果大气层变暖和大气环流的影响相互加强，可能会带来灾难性的后果。例如，在某一地区，由于大气层变暖、吸收了更多的水分，降雨量增加。随后，当更多带有雨水的低气压进入该地区时，两者结合就会形成暴雨。

任何像我一样生活在英国的人都会明白我的意思。几年前，我从波茨坦搬到牛津时，已经为典型的英国阴雨天气做好了准备。但是，最近几年的冬季，英国南部出现了我上面提到的双重效应：更多来自大西洋的所谓低压区带来了比前工业化时期更多的雨水。此外，雨势因大气层变暖而加剧。冬季一直是英国南部一年中雨水最多的季节——这里很少下雪。但是，气候变化使创纪录的降雨的发生成为可能，例如2014年1月，是有记录以来最潮湿的1月。[1] 这不只意味着更多的降雨——降雨越多，发生洪灾的风险越高，特别是在房屋矗立的洪泛草甸地区（英国南部有许多这样的地方）。得益于复杂的防洪系统，牛津在那个冬天基本上免于洪水泛滥。南部的人们则惨不忍睹：德文郡，特别是萨默塞特郡大部分地区的居民楼成了"海景房"，随着铁路线被淹没和破坏，他们与全国其他地区隔离了数周。

然而，这两种效应之间也会彼此削弱。这意味着，尽管温暖的大气层中可能会产生更多的降雨，但由于大气环流改变，形成的降雨区可能会更少，或者它们推移至该地区的频率更低。从根本上说，一切照旧：尽管气候在变化，冬季或夏季潮湿的概率仍然保持不变。2013年发生在易北河和多瑙河的洪水就是这样一种情况。它并非例外。[2]

但还存在第三种可能性：大气环流的变化异常剧烈，甚至抵消了热力学效应。换句话说，下雨时间和地点的动态变化如此之大，以至于在某些地区突然几乎没有任何雨水到达地表。那么，大气层温度是否上升、是否可以吸收更多水蒸气从而导致更多降雨，就显得不再重要了——因为没有相应的空气流动，就不会形成雨云。如果地表是干燥的，当地也无法形成雨云。这就解释了为什么尽管世界各地总体朝着更加潮湿的方向发展，但一些地方的干旱风险却在增加。例如，半个多世纪以来，澳大利亚西南部的降雨量急剧下降——这可以部分地归因于气候变化。[3]

因此，如果我们把世界作为一个整体来看，就可以很好地解释气候如何影响我们的天气。但当飓风袭来，威胁到成千上万的沿海居民时，就没有人对所谓的世界平均状况感兴趣了。

到目前为止，还没有关于气候变化具体后果的清单。因此，我们必须进一步了解气候变化是如何在我们的天气中，在干旱、洪水或特大风暴等具体天气事件中体现的。换句话说，串起因果链条。这在现实中是可能的，但需要开展大量侦查工作。

和任何优秀的侦探一样，我们不是从天气事件的起因开始调查，而是从结果开始倒推。首先，我们要回答一个问题：到底发生了什么？

一次天气事件的重建

这个问题听起来可能微不足道。但是，我们从任何一个优秀的侦探故事中都能领悟到：要还原当时的情况往往没有那么容易。特别是当洪水发生的时候，通常情况下，我们无法即刻清楚地知道首先需要在哪个区域收集数据。河流决堤的时候，我们首先要找出降雨的区域在哪里：是洪水发生的地方，还是更上游的地方？是降雨量过大，还是堤坝的建造出了问题？或者河道被改直了，导致洪泛草甸无法再阻止洪水淹没整个居民区？

在这个世界上的大多数国家，都有一个或疏或密的气象站网络，每天测量气温、降雨和气压。此外，自 1979 年以来，卫星监测也开始定期开展。这两种类型的观测都可以记录全球的天气状况，为我们提供了工作所需的数据。

只有当我们找到"到底发生了什么"的答案时，才能开始寻找原因。作为一名气候学家，我每天面对的更多的是看似平凡的天气问题，而不是什么全球气候问题。一个侦探如果每天只研究犯罪的社会成因，是抓不到犯罪分子的，但至少有助于为犯罪者建立档案。

与《犯罪现场》*中的侦查相比，处理我们的案件要复杂得多：侦探不是科学家，谋杀通常只有一个嫌疑人——但每一次天

---

* 《犯罪现场》（*Tatort*）于 1970 年首播，每周一集，是德国人耳熟能详的经典电视剧。——译者注

气事件都有不同的原因，是当地情况、区域因素和全球因素相互作用的结果。这些因素在每一次天气事件中都会重新组合。例如，某地区的地表异常干旱，发生了一次火山爆发，火山灰遮住了日光，从而暂时改变了一个地区甚至整个世界的气候，抑或单纯是气候变化影响了整个地球。这些因素都不会单独引发极端天气。任何一次天气事件发生后，都将永远不会再发生完全相同的天气事件。如果我们乐意，通常每天都会与一整窝"罪犯"打交道，他们的成员个个都是怪人，而且喜欢按照自己的喜好不停地变换"窝点"。

然而，有些因素比其他因素发挥了更大的作用。例如，气候变化使地中海地区出现热浪的概率至少增加了10倍。我们的团队通过"路西法"热浪更好地证明了这一点。2017年夏天，该热浪将南欧变成了一个超过40℃的桑拿房。气候变化使得这种极端热浪出现的概率至少增加了10倍（据我们最准确的估算，几乎是100倍）。因此，如果没有气候变化，我们预计每100年就会出现一次这样的热浪。而随着气候继续变化，预计它出现的频率将比"十年一遇"还要高。

何为极端天气，我们自己说了算

对于极端天气，我们没有普遍的定义，这听起来可能令人惊讶。极端天气事件是什么，在很大程度上取决于它对一个地方的影响、当地对它的预警程度以及受灾的可能性。换句话说，对它的定义没有正确和错误之分。重要的是一个地区如何为应对未来的天气事件做充足的准备和正确的决策。

因此，对于一次极端天气事件，我们可以从多个角度来看，就像欣赏一件雕塑艺术品那样。让我们看看 2012 年夏天袭击塞尔维亚[4]的热浪：气候变化使其发生的概率增加了约 10 倍。这是我们以夏季气温定义热浪从而得出的计算结果。但如果我们把热浪视作热应力，包括了相对湿度，那么它发生的概率只增加了一倍。湿度的变化要小得多，而热应力要同时考虑湿度和温度，故而比温度上升得慢一些。

对于一个农民来说，绝对温度可能至关重要。他一定想知道，如果 6 月份超过 40℃ 的天数越来越多，他是否还能种玉米；而一位心脏病专家则更关心高温对人体有哪些影响。

我们对一次天气事件定义的方式，决定了我们得到的结果。结果可能会完全不同，但这并不意味着某一个结果是错误的。根据不同的定义，一个结果只要在通常的测量误差和气候模型的系统不确定性范围内，就是正确的。因此，虽然对极端天气没有一个真正的、准确的定义，但根据一次天气事件的不同方面对我们的生活所造成影响的重要性，我们可以区分出有意义和无意义的定义。因此，如果我们想解释气候变化发挥了怎样的作用，就必须首先弄清楚极端天气到底是什么，以及某一天气事件对我们有多重要。在"哈维"的案例中，我们首先要问的是：这是怎样一场风暴？哪些特征对我们来说是重要的？开始干活吧！

第 3 日

2017 年 8 月 28 日，星期一，一阵海风吹过位于罗克波特一座小教堂的中庭。罗克波特是墨西哥湾沿岸的一个万人小镇，以海岸边露出海面的岩石命名。实际上，教区的民众曾想周末在这里举行弥撒。但是，教堂的大部分被毁了。周五晚上，飓风"哈维"在这里登陆后，将建筑物撕成了两半。对于这个气候宜人、拥有田园风光的美国沿海小镇而言，这是它接受的第一场飓风的"洗礼"。

在教堂内，木制和钢制支柱指向四面八方，屋顶没有瓦片，泡沫从混凝土块中溢出，这些混凝土块横七竖八地躺在教堂前。时速高达 210 千米的暴风摧毁了罗克波特的房屋，并带来了降雨，使蜿蜒的高速公路变成了湖泊。船只被冲上岸，电线杆被刮倒，电力供应中断。数十名村民受伤，有一人死亡。

此后，美国国家飓风中心将"哈维"降级为热带风暴。但"哈维"其实只是改变了它的袭击策略：它几乎停滞不前，盘旋在休斯敦这个沿海大都市的上空。三天内，在休斯敦倾泻的雨水达到了历史最高点。

事情还没有结束的迹象，至少不会很快结束：海面上温暖潮湿的空气继续为风暴提供能量，却没有来自内陆的风来推动它进一步前进。这意味着，这一已经非常极端的天气事件正朝更加严重的方向发展，即所谓的"黑天鹅"事件。气象学家用"黑天鹅"来描述一个发生概率非常低、前所未有但并非不可能发生的事件——预计每一万年甚至更久才有可能发生一次。

这是第三天，我们面对的是一次仍未结束的天气事件。它仍在进展之中。"哈维"还没有成为历史，因而继续成为全世界关注的焦点。这场风暴从飓风转变为一种气象现象，这对于休斯敦来说无异于一场灾难。人们对它的关注度与日俱增。美国媒体已经开始猜测其原因。但大多数头条新闻仍然充满问号：是气候变化让"哈维"变得如此糟糕吗？

第一批媒体机构已经开始下结论。有些谈到了与气候变化的明确关联，[5]而福克斯新闻这样的机构在整个节目中却连"气候变化"都不提。[6]

这增加了我们的压力。除了"哈维"似乎在休斯敦上空等待着什么之外，全世界并没有在等我们。因此，我们需要迅速启动一个计划——即使天气事件尚未结束——至少我们的天气预报在某种程度上是可信赖的。

首先，我们需要决定分析"哈维"的哪些特点。当然，最好将"哈维"作为一个整体进行分析，并将其风速和涡度作为我们研究的基础。但我们之前从未分析过飓风，因为飓风是复杂的，它们的变量很难在气候模型中进行真实模拟。进入卫星时代后，观测数据才真正被派上用场。现有的气候模型不一定适合模拟被如此定义的极端天气。

所以，我们必须在实际发生的事情和我们可以有效研究的事情之间找到一个折中方案：我们不关注实际的风暴，而是关注它带来的降雨，并在此基础上进行分析。因此，我们忽略风暴，只看它带来的降雨。最初的几天，这种方法似乎相当合适。虽然风暴本身确实造成了一些破坏，但更多证据表明，使"哈维"成为一场灾难的是几乎让整个休斯敦沉没的巨大降雨。

对于像我们这样的科学家来说，最好的情况莫过于，我们面对这样的极端降雨事件，既拥有可追溯到 100 多年前的足够的天气数据，还有正确的气候模型。就在一年前，我们分析了距离休斯敦仅 320 千米的路易斯安那州的降雨量。[7] 在那次研究中，我们也只分析了降雨量——无论它是由飓风、热带低气压还是其他气象因素引起的。毕竟，无论气象成因是什么，它都与这种极端降雨所造成的破坏无关。

我们的工作不会因为局限于降雨而变得无足轻重。相反，通过这个务实的操作，我们可以加快归因的进度。至少它看起来不再是完全不可能的事。

在这个基础上，实际上我们就可以开工了。全世界迫不及待地想要一个答案。下午早些时候，全球领先的气候新闻门户网站"气候之家"（Climate Home）的主编卡尔·马蒂森打来电话。

他要我写一篇特约文章，因为关于"哈维"的消息都是博人眼球的轰动新闻，他希望从这个汪洋大海中听到来自科学的声音。我的处境与气候研究领域的同行完全一样。他们尚未掌握关于这一具体天气事件的足够事实，就不得不对极端天气评头论足。过去，我也曾批评过他们给出的答案不尽如人意。我跟马蒂森说，我不是飓风专家，而且也没有得出任何具体的结论，但马蒂森并不松口。最终，我同意了，因为我想借此反驳一些同行危言耸听的语气和所谓"不能将天气事件与气候变化联系起来"的论调。

我写出了关于"哈维"的已知情况：随着海洋变暖，形成飓风的条件"门槛"变低了。温暖的海水为涡旋气流提供了更多能量，赋予它们更大的威力。然而，气候变化还有另一种方式来影响飓风：当大气层变得更加温暖时，垂直切变的差异会增大。这听起来很可怕，但这只是意味着风暴底部的水平风速与更高处的水平风速有所差别。如果差值大于 10 米 / 秒，形成飓风的涡旋就无法再维持下去，飓风的强度就会下降。因此，气候变化同时造成了垂直切变的加强和海洋温度的上升。这也是飓风既产生又遭到瓦解的主要原因。

在这种特定情况下，我们从一开始就不清楚气候变暖是否会使飓风更加频繁。而"哈维"作为降雨的使者，是否预示了休斯敦的未来？我们只能通过有针对性的研究才能找到答案。我还指出，在气候变暖的情况下，预计降雨量会更大，但降雨量的大小取决于大气环流如何变化。这是我们正在努力的方向。为了对抗多年来一直抱着相反想法的强大利益集团，我们希望理清思路，而他们只会制造混乱。

愤怒的天气

第二章

播下怀疑种子的人：
气候怀疑论者

芭芭拉·安德伍德很快就适应了她的新工作。就任纽约总检察长 6 个月后，这位 74 岁的老人遇到了一个几乎不可能更强大的对手。2018 年 10 月 24 日，她起诉了全球最大的上市石油公司埃克森美孚。[1] 根据一份基于三年调查、长达 97 页的起诉书，她指控埃克森美孚几十年来故意在气候变化的风险上误导投资者和公众。虽然埃克森美孚早就知道全球变暖所带来的后果，而且一直推进对这一问题的研究，但它对外却一直淡化气候变化的风险。这跟言论自由可扯不上什么关系。

"投资者把他们的钱和信任都交给了埃克森美孚。"安德伍德说。埃克森美孚装点出一个"门面"，"让投资者相信公司对自身业务带来的气候变化的风险是知悉的，但事实上，它系统性地刻意低估或忽视了这些风险。这与它的公开表态正好相反"。[2]

这是埃克森美孚的一场豪赌。该公司可能会被起诉赔偿数亿美元。这对它的形象也造成了巨大损害。[3]

诺贝尔奖获得者、美国前副总统阿尔·戈尔也是起诉人联盟的一员。他将此案与 20 世纪 90 年代针对烟草业采取的行动做了类比。几十年来，美国烟草业也一直否认吸烟的风险。

现在，这家石油公司可能会为其近 40 年来采取的策略买单。[4] 20 世纪 70 年代末，一个巨大的问题出现了：埃克森公司（在 1999 年与美孚公司合并之前，该公司一直被称为埃克森）委托科学家开展研究，目的是弄清楚石油生产与当时人人都在谈论的所谓"气候变化"过程之间的联系。

1982 年 8 月 24 日，距热带风暴"哈维"升级为飓风和我们开始调查（这将间接影响埃克森美孚）整整 35 年。会议被安排在上午 9 点，在这家跨国石油巨头的得克萨斯总部举行。安德鲁·卡莱加里为高级管理层准备了一份报告。[5] 在"待研讨议题"的标题下，纽约大学的工程力学专家列出了两点：

1. 二氧化碳的温室效应
2. 关于气候模型的企业研究

卡莱加里随后解释了化石燃料的燃烧是如何使地球变暖的。除了气温上升外，降雨模式也可能发生变化，沿海地区的海平面可能会上升。埃克森的代表（包括来自公共关系部门的代表）还在报告中听到了一个预测：从 2000 年开始，气候变化的初级影响将会显现。如果卡莱加里所指的影响关乎天气的话，他是完全正确的。

此前，这个公司的代表从其他科学家那里也听说过类似的事情，但从没有人如此明确地告诉过他们。这位大学研究人员所说的话对他们而言无异于一种生存警告，因为这将对许多人的生计构成威胁，而且很可能给公司总部敲响更大的警钟，即对这家石油巨头的商业模式构成威胁。很明显：他们必须采取行动。

三年前，埃克森公司开始测试该公司将坚持数十年的一项战略：它让卡莱加里这样的科学家加入公司，允许他们研究石油和天然气燃烧对全球气候的影响，并与其他科学家联手开展数百项研究。这一切都是为了在未来面对立法者和政府质询时，埃克森能够将自己塑造成一个可信的对话者。但是，仅仅做一些分析研究，写一些内部报告，是远远不够的。该公司采取了双管齐下的方法。它发起了一场宣传活动，目标是：播下怀疑的种子。

除了开展内部研究（其中大部分研究认定气候变化是人为的后果）外，该公司还在报纸上刊登广告。最重要的载体是美国主流媒体《纽约时报》。1979—2001 年，这家石油巨头每周四都以 31 000 美元的折扣价在该报纸上购买一则广告。

我们从公司这些用心良苦的编辑广告中读到的内容与卡莱加里和他身边的科学家在研究中所得出的结论完全不一致。1997年，在京都举办的、力图使工业化国家承诺保护气候的联合国气候变化大会召开前不久，他们刊登了这样一则典型的广告："科学家无法准确预测气温是否上升、上升多少以及在何处发生变化。[……]让我们不要急于在京都做出决定。气候变化是复杂的，科学的陈述不是结论性的，而急于做决定的后果对经济的影响可能是毁灭性的。"

广告中一再提到"知识的盲区"、"高度的不确定性"或"未经证实的理论"。然而，自20世纪90年代初以来，科学界已达成共识，即人为导致的气候变化已经全面发生，无法逆转，国际社会必须共同付出巨大努力来减缓它。

2017年，哈佛大学的两名研究人员筛选出埃克森美孚公司的187份文件，研究该公司在1977—2014年有关气候问题的公共传播。两位作者写道："埃克森美孚在广告中（对气候变化）的主要态度是怀疑。"[6]

这有悖于该公司内部研究得出的结果。因此，两名研究人员得出结论，认为埃克森美孚有意"误导"了公众。

多年来，商业界几乎不指望对公众舆论发挥什么影响，而是清一色地依赖传统的游说。后来，企业负责人，特别是烟草和石油行业的大佬逐渐认识到，影响公众舆论，使其对有争议的问题转变看法，有时会产生更好的效果。为了避免被淘汰出局，政客更重视民意调查和媒体报道，而不是企业内部人士的意见。否则，即使他们获得了权力，也发挥不了多大的作用。

所谓专家和保守派智库

在气候变化问题上，埃克森美孚等能源公司将加大公众对环

愤怒的天气

境监管意义的质疑作为其主要战略。他们甚至提出了一连串臭名昭著的论断："地球根本没有变暖"……"如果真的变暖了，那反而可能是一件好事"……或者"地球变暖至少不是人为的，而是太阳活动更加频繁的结果"……他们的策略是：如果这种观点被重复的时间足够长，它们最终就会扎根于人们的头脑中。

最有效的手段是：公司本身并不抛出这些观点，而是付费聘请所谓的"专家"来发声。佛罗里达大学的研究人员在一份研究报告中称："保守派智库在舆论战中采用的核心策略是源源不断地制作印刷材料——从书籍到社论，这些都为政客和记者的吹风会做好了铺垫。同时，他们让演讲者定期在电视和广播中露面。"[7]

自 20 世纪 90 年代初以来，美国企业研究所、哈特兰研究所等智库一直在领导反对全球环境保护的运动。美国企业研究所在一个电视广告活动中声称冰川正在增长，而不是在消融。该所在谈及二氧化碳时称："那些人把这叫作空气污染，而我们称之为生活。"[8]哈特兰研究所则在几年前表示，它致力于将全球变暖的课题从公立学校的课程中删除。[9]它还声称全球变暖是自然现象，将气候学家比作大屠杀的施暴者。[10]

凭借来自石油公司和保守派基金会提供的数百万美元资金，这支由气候怀疑论者组成的雇佣军设法对少数愿意领报酬的"专家"给予德不配位的过分关注（这些"专家"在气候学领域往往是"少数派"）。把这支雇佣军的工作比作导演和编剧最为贴切。在气候变化这出戏中，他们将保守派政治家和反科学家置于舞台的聚光灯下，并得到制片人——保守派基金会的资助。[11]

至少在美国，领导美国政府的并非只是那几个恰巧在台上的疯子，而是一场广泛的运动。它不是发生在少数气候学家和顽固分子之间的战争，而是一场正在分裂美国的文化战争。[12]

没有任何地方像美国一样，有这么多强烈否认气候变化的人。他们深深扎根于20世纪60年代后期兴起的保守主义运动。该运动是对和平与民权运动的反击，当前主要反对的是堕胎、枪支管制和福利国家政策，与反对国家环境法和全球气候法规的运动无缝对接，其背后是对国家过多干预个人生活的恐惧、对失去自主权和经济权力的恐惧，以及对所谓的"全球北方"（即高收入国家和地区）在财富和权力分配方面失去主导地位的恐惧。

在美国和其他国家，有相当一部分人拒绝接受气候学的基本发现，因为这些发现与他们的世界观和保守的核心信念相矛盾。至少斯蒂芬·莱万多夫斯基（Stephan Lewandowsky）是这样解释的。[13]这位来自布里斯托大学的心理学家对这个问题研究已久。他认为，对气候学发现的否认是大脑保护自我身份认同的一种防御机制。

1988年，政府间气候变化专门委员会（IPCC）成立。1992年，联合国环境与发展会议在里约热内卢召开。此后，环境保护成为一种全球现象。保守派组织了一场以气候研究为焦点的广泛的反击运动。佛罗里达州的研究人员在研究报告中说："怀疑论者的立场与保守主义及其所代表的经济利益密切相关。"[14]

舆论操纵者受益于新闻从业者的一种职业操守：以客观的方式进行报道，并始终质疑对方。但是，如果气候变化的人为因素突然被视为争议，而非事实，气候怀疑论者就被公然赋予了一个"局外人"的舞台——这种情况在任何时候都不应该发生。

这种怀疑情绪甚至渗透到了老牌的左翼媒体中。尤其是在2009年金融危机之后，媒体公司解雇了许多记者（包括许多科学编辑）。比如在美国有线电视新闻网（CNN），气候议题突然落到了天气预报员查德·迈尔斯身上。2008年12月，他宣称："认为人类能影响天气，这种想法是非常傲慢自大的。"[15]

美国在这方面并不是个例。在英国，越来越多的知名学者也跟气候怀疑论者站在了同一舞台上。他们唯一的本事就是发表意见。直到2018年3月，英国广播公司（BBC）才因多次向臭名昭著的气候怀疑论者奈杰尔·劳森（Nigel Lawson）提供言论平台而受到官方谴责。英国广播公司既没有反驳他对气候变化的不实陈述，也没有指出他对于这个议题来说是个十足的"外行"。[16]所有这一切违反了"新闻应以适当的谨慎和不偏袒任何党派的任意形式加以呈现"的要求。

在德国，媒体也不能免于被气候怀疑论者渗透。前汉堡社民党环境参议员弗里茨·瓦伦霍尔特（Fritz Vahrenholt）出版《寒冷的太阳》（ *Die kalte Sonne* ）一书后，《图片报》将一篇文章命名为《二氧化碳的谎言》，并在文章中质疑导致气候变化的人为因素。这不是孤例。

多年以后，环保人士和气候研究人员认识到，他们已经能够打破能源公司在拒绝气候保护方面的统一阵线。在反对运动和抵制的声浪越来越高涨的情况下，许多企业经理人意识到，考虑环境问题可能会给企业带来好处。他们看重的是对于一家企业而言最重要的"货币"——信任。如果企业的公众形象受损，其业务也会随之受损，进而封死他们通向政治界的大门。

在 1997 年《京都议定书》通过后，英国石油公司、壳牌石油公司等石油跨国公司退出了气候怀疑论者联盟，开始在绿色能源方面投资数百万美元，并公开宣布将减少温室气体排放。但是，埃克森继续拒绝任何改变。泄露的政府文件显示，该公司甚至试图说服乔治·W. 布什总统退出《京都议定书》。[17] 几年前，诺贝尔经济学奖获得者保罗·克鲁格曼在《纽约时报》上称埃克森美孚为"地球的公敌"。[18] 这个说法并不过分。

然而，在公众和投资者的压力下，这个石油巨头也进行了路线调整——尽管是姗姗来迟的举措。2006 年，雷克斯·蒂勒森成为埃克森美孚的首席执行官，他开始削减对气候怀疑论者智库的直接捐款，转而投资绿色能源项目，甚至呼吁征收碳税。

通过这种表面的"化妆术"般的调整，这家石油公司将自己从国际气候运动的火线上移开了。即使它不能阻止环境保护措施的落地，也至少在这些措施上保有了发言权，甚至可以根据公司的需要对这些措施进行调整。

这样一来，能源公司至少正式脱离了许多保守派智库采取的路线。这些智库还在负隅顽抗。这就解释了为什么雷克斯·蒂勒森在短暂担任特朗普政府的国务卿期间，是内阁中少数主张不退出《巴黎协定》的人之一。

我们得清楚一件事：世界需要能源。在相当长的一段时间内，在可再生能源具备充足供应的条件之前，我们将无法在没有石油和天然气的情况下存活——除非使用核电。有一个简单的计算方法：根据国际能源机构的预测，为了将全球气温上升幅度控制在 2℃ 以内，即只允许气候变化的进程在我们仍能适应的范围内继续发展，我们在 21 世纪中叶之前消耗和燃烧的化石能源不能超过已知化石能源储备的 1/3。[19] 根据《巴黎协定》，世界各国承诺在 21 世纪下半叶实现温室气体净零排放。[20]

美国的气候怀疑论者曾试图将怀疑情绪输出到德国等国。2017 年 11 月 9 日，在杜塞尔多夫日航酒店举行的年度大会上，气候怀疑论者协会 EIKE 邀请马克·莫拉诺（Marc Morano）担任演讲嘉宾——他大概是对气候变化舆论最激进的操纵者。莫拉诺是一名公关经理，曾为时任美国国会环境委员会主席詹姆斯·因霍夫（James Inhofe）担任发言人，现在为华盛顿气候怀疑论者智库"建设性明天委员会"（Committee for a Constructive Tomorrow）工作。该智库在德国耶拿设有分支机构。在杜塞尔多夫的大会上，莫拉诺在一群长者观众群的掌声中骄傲地宣称，美国是世界上唯一拒绝联合国"中世纪巫术条约"的国家。

EIKE 的支持者还包括老牌政党的政客，如曾为壳牌和德国莱茵集团（RWE）工作的前汉堡社民党环境参议员弗里茨·瓦伦霍尔特。气候怀疑论者来自德国选择党（AfD），他们的观点影响了基民盟（CDU）。基民盟 / 基社盟的右翼以所谓的"柏林小圈子"的形式组织起来，于 2017 年 6 月在德国国会大厦的基民盟 / 基社盟议会党员活动室里宣布，气候变化的原因还不清楚，但"温室气体效应"是不可能单独发挥作用的。[21] 根据联邦议院基民盟议员西尔维娅·潘特尔和菲利普·伦斯费尔德领导小组的说法，气候一直在变化，温室效应只是影响气候变化的众多因素之一。除此之外，还包括太阳活动、地球与太阳的相对位置、火山爆发和陨石撞击。总的来说，气候变化的后果"没有得到证实"。这让人想起德国莱茵集团先前的言论：2006 年，在与环保组织"绿色和平"的法律纠纷中，德国莱茵集团将气候变化描述为"对一种既不具体也不现实的假定危险的主观感知"。[22]

今天，能源公司的老板使用了不同的语言——当然，他们并没有放弃原来的商业模式。他们只是更聪明了：少谈气候变化，多谈就业和商业地点的选择。这使他们取得了巨大的成功。这一点可以从下面的例子中看出。与英国等国家相比，尽管德国进行了能源转型，但燃煤电厂多年来几乎一直在持续运行。目前煤炭行业仅提供数万个工作岗位——每个岗位无疑都很重要，但这并不能成为我们允许气候变化继续失控的理由。让煤矿工人对他们的未来一无所知，是否真的在帮他们，这值得怀疑。因为没有人真正质疑过煤炭行业的工作前途。经过多年的搁置，德国煤炭委员会于 2019 年初提出了一项计划，即最迟在 2038 年关闭所有燃煤发电厂。

长期以来，能源公司和保守派气候怀疑论者在阻止公众严肃思考气候变化的真正危险方面一直很成功。特别是在美国，他们大概已经把策略运用到了极致，而这主要与天气有关。

只要气候变化被认为是一种抽象的现象，错误的信息就很容易被用来诋毁气候学，并阻止环境保护法的出台。然而，与此同时，不能再否认的是，地球上正在发生一些变化。全球变暖的后果是人们可以感受到和看到的。热浪、洪水和干旱正在夺走人们的家园、工作，甚至生命。这些变化不仅发生在非洲和亚洲的发展中国家，而且发生在美国这样的工业化国家。不管在哪个国家，最贫穷的人受到的伤害都最深。他们居住在廉价的房子里，生活环境的风险更高，能够第一时间感受到哪怕最轻微的气候变化。

气候变化对天气的影响已经不可否认。实际上，它在单一天气事件中可以被证明，这是一个新的事实，尽管这还不像气候变化那样无可争议。这就解释了为什么天气成为不同利益集团代言人之间争斗的战场：能源公司和保守派活动家在这场战争中锁定他们的政治盟友，站在环保主义者的对立面。每一场飓风和每一次热浪都成为一个新的战场。双方的作战计划往往走向相反的极端：气候变化的作用要么被严重低估，要么被高估。

交火的气候研究人员

迄今为止，几乎没有任何人参加过一对一的"决斗"——除了气候研究人员以外。化石能源公司和气候怀疑论者肯定已经幸灾乐祸很久了。在关于飓风、热浪或洪水的喋喋不休的争论中，真正可能引发严重气候后果的人都闭上了嘴——他们认为自己不应对天气负责。

这种谨慎是有原因的。美国的气候研究人员在媒体上遭到嘲笑、攻击和抹黑。例如，来自俄克拉何马州的 83 岁的共和党人詹姆斯·因霍夫自 2003 年以来一直担任参议院环境委员会主席。尽管有几年任职被中断，他仍然召集气候学家参加听证会，让他们与否认气候变化人为因素的所谓"专家"进行辩论。因霍夫甚至把科幻小说作家迈克尔·克莱顿请到参议院，请他担当反对气候学的重要证人。

2009 年 11 月，反对气候学家的运动达到了高潮，不明身份的人入侵了东英吉利大学的服务器，将 1000 多封私人电子邮件和科学家的 1000 多份研究文件上传到了网上。引文被断章取义，变成了被大肆炒作的所谓丑闻，后来被人称为"气候门"。于是，公众产生了这样的印象：气候变化就是气候学家自导自演的一出戏而已。

后来，这些科学家被几家机构宣告无罪：他们没有任何学术不端的行为。但后果已无可挽回——因为这件事就发生在哥本哈根联合国气候变化大会开幕前夕。这次大会本应成为全球达成气候协定的突破点，却惨遭失败。

自那以后，美国的许多气候研究人员养成了自我审查和咬文嚼字的习惯。直到我们这一代，科学家才从报纸和年长同事讲述的故事中知道"气候门"这回事。于是，我们再次与记者和公众培养起更轻松的关系。当然，也有例外。

时至今日，许多气候学家如果不得不进行公开发言，就会局限于重复政府间气候变化专门委员会的声明。他们努力避免公开表达看法，而宁愿在安全的、对外行人来说令人困惑的科学期刊上进行讨论。原因很简单：政府间气候变化专门委员会已经成功地做到了气候怀疑论者长期以来试图用大量资金阻止的事情：自1988年建立以来，它定期发布关于气候变化研究状况的概述，包括原因、影响和可能的解决方案。必须指出的是，政府间气候变化专门委员会评估报告的所有作者都是科学家。他们不会从报告编写中获取任何报酬，且只引用那些在专业期刊上得出相同结论的研究报告。如果这些研究结果相互矛盾，他们也会在报告中指出来。但是，政府间气候变化专门委员会的评估报告与所有其他总结性和综述性文章的区别在于，它必须接受政府间气候变化专门委员会195个成员国政府代表的审查，并由全体大会通过后方能发布。因此，报告中的陈述要尽可能在科学上做到无懈可击，以便为政府代表提供良好的决策依据。至关重要的一点是，政府间气候变化专门委员会并不制定政策，所有政府间气候变化专门委员会评估报告中都没有具体的政策建议。所以，政府间气候变化专门委员会是一个独特的机构，它为科学代言，但又高于科学。紧紧抓住报告中的论述是很有必要的。

从确定目录到完成报告大约需要五年时间。因此，政府间气候变化专门委员会评估报告将永远无法对具体的天气事件发表任何看法。这使得科学家在天气议题上更加谨慎，因为他们会因此离开自己的安全区，并容易被人中伤。

但是，时代变了。2013年出炉的最新的政府间气候变化专门委员会评估报告首次指出，现在有可能将特定的天气事件归因于气候变化。事实上，在 2015 年的《巴黎协定》中，世界各国甚至都承认气候变化已经造成了损失和损害。正如专业文献中所分析的那样，这些损害基本上是由极端天气造成的。

这就是我们的团队希望让气候学从防守转向进攻的原因。我们可以指出，气候变化是否以及在多大程度上可以体现在我们的天气中。由此我们就能对抗能源公司和气候怀疑论者的雇佣军了。

我们已经有了一份完整的温室气体清单，显示这些气体的排放时间、排放源头和排放量。[23] 科学家正在不断更新这份关于气候变化原因的清单。我们可以以此计算世界各国、各个企业的温室气体排放的历史份额。我们也知道这些排放量对全球平均气温来说意味着什么，并且可以用数字非常精确地表达这一点。但是，当谈到具体的全球变暖的影响时，我们陷入了久久的茫然。

如今，我们可以串起这些证据链，为追究石油巨头的责任、公平分担气候变化的责任做好铺垫。如果我们动作够快，也可以在极端天气事件发生期间介入社会讨论，通过提供清晰的事实，让不同利益集团之间的交火有所缓和，从而减少政治上的火药味。要知道，双方的争执往往以非理性和情绪化的方式进行。

第 4 日

下雨了。难以想象的特大暴雨降临休斯敦，将这座大都市淹没在水中。所有的街道和成千上万的房屋被水淹没。在美国的历史上，从来没有一场暴风雨达到如此大的降雨量。[24] 休斯敦NWSO气象站在三天内测得了1000毫米的降雨量。相比之下，我的家乡基尔的降雨量并不算小，每年大约700毫米。为了能够充分显示降雨量，美国国家气象局不得不为其气象图添加新的颜色——两种深浅不一的紫色。[25]

人们几乎可以认为，是一种神奇的吸引力将这些云带到这里，以使全世界注意到这个下雨的地方。100多年前，美国石油开采的历史就是从这里开始的。[26] 休斯敦的土壤下埋藏着世界上储量最大的油田之一。

20世纪初，就在休斯敦以东200千米处的一座小山上，奥地利移民、工程师安东尼·弗朗西斯·卢卡斯花了数周时间，用蒸汽机将泥土打入地下，试图把他推测藏在地底的"黑金"抽取出来，结果徒劳无功。直到1901年1月10日，一次突然的爆炸震动了竖井。几秒钟后，泥浆从钻孔中喷涌而出，紧接着，一股黑绿色的液体从井架上喷射到50米高的空中。

随着美国这座最大油田的开采，一个新时代来临了：全国的石油产量猛增，石油中心转移到墨西哥湾沿岸。285个钻井分布在得克萨斯州名为"纺锤顶"的山丘上。许多新的石油公司争先恐后地争夺这些钻井，其中之一是亨布尔石油公司。今天，它有另外一个名字，叫埃克森美孚。

如果我们能证实气候变化真的助长了休斯敦上空的倾盆大雨，那将多么具有象征意味。这里可以说是人类历史上最庞大的石油公司的发家之地，这家石油公司在破坏环境保护措施方面做得比其他任何公司都多。这真是疯狂的因果报应。

由于休斯敦仍在下雨，我们尚无法判断这是一场世纪洪水，还是千年风暴。为了确定这一点，同时摆脱对天气预报的依赖，我们必须等到整个天气事件结束。但这并不意味着在此之前，我们就无所事事。我们正在寻找能够绘制该地点雨量图的计算机模型，而其中一个重要的气候模型，即大气的计算机模拟，就存储在墨西哥的一个服务器上。我仍在等待有人回复我的电子邮件。关于另一个模型，我们仍在等待普林斯顿大学地球物理流体动力学实验室的许可。我们已经成功测试了至少一个模型，如果第二个模型也能测试成功，我们距离期待的研究结果就更近了一步。

虽然我们还不能确定气候变化就是酿成休斯敦特大暴雨的部分原因，但埃克森美孚已经展开攻势：首席执行官达伦·伍兹宣布向红十字会捐赠 50 万美元，以支持休斯敦和墨西哥湾沿岸社区的救援工作。"我们向目前处于'哈维'影响下的得克萨斯州和路易斯安那州墨西哥湾沿岸社区居民表示同情，并为他们祈祷。"该公司在一份新闻稿中表示，"希望这笔捐款能够帮助到我们的朋友和邻居，并为所有受风暴影响的人提供安慰。"[27]

与此同时，长期以来由埃克森美孚资助的气候怀疑论者智库哈特兰研究所在推特上写道："虽然距离美国上次遭受重大飓风袭击已经有近 12 年，但在气候变化邪教分子的怪异世界里，'哈维'被创造性地解释为人为导致的气候变化所带来的可怕后果的'证据'，而这一理论尚未得到任何科学的证实。"

愤怒的天气

该研究所继续写道："气候变化的危言耸听并不能动摇事实，我们将在未来数月和数年内继续为真相而战。但在这个周末，我们的目光和祈祷都与得克萨斯州人民同在。"[28]

然而，几乎没有媒体谈论气候变化。几天后，非营利组织"媒体事务"（Media Matters）的一项分析显示，三大广播公司中的美国广播公司（ABC）和美国全国广播公司（NBC）根本没有提及气候变化。[29]只有哥伦比亚广播公司（CBS）讨论了"哈维"与全球变暖之间可能存在的联系，并援引了几位气候研究人员的话。他们指出，海洋正在变暖，为"哈维"这样的飓风提供了更多的推进剂，但同时湿度也在增加，可能导致更大的降雨量。

"个别气候学家已经断定，一些与气候变化相关的因素使洪涝灾害变得更加严重。"宾夕法尼亚大学的迈克尔·曼解释道，"在人为导致的全球变暖的情况下，'哈维'的能量肯定会更强。这意味着更强级别的风暴及其引发的更强级别的破坏，以及更强级别的洪灾。"[30]

据猜测，"哈维"造成了1900亿美元的损失，成为美国历史上造成最惨重损失的飓风。[31]

真的是气候变化把它变成了一场灾难吗？对气象站的观测数据进行初步分析后，我们完全确定这是一次真正的极端天气事件。在过去的100年里，该地区从未在如此短的时间内有过如此大的降雨量。在统计模型的帮助下，我们至少可以确定，观测到这样一次天气事件的概率低于每9000年一次。

第三章

气候学的革命：
一场彻头彻尾的变革

　　我差点儿错过职业生涯中最重要的一次约会，一次本应为我们的新项目"将极端天气事件实时归因于气候变化"剪彩的约会。而这一切始于一个再寻常不过的"意外"。

　　2014年12月一个阳光明媚的日子，我和当时的老板迈尔斯·艾伦坐在旧金山的一家星巴克里，望向正前方第四大街的左侧。我们每人拿着一杯咖啡。咖啡慢慢变凉了，海蒂·卡伦应该在半小时前就到了。她说她会给我们一个建议，这引起了我们的好奇心。因此，我们几小时前就离开了世界上规模最大的地球和气候学会议。我们这样的气候研究人员，每年都会前往旧金山参加这个会议。

　　尽管拥有海洋学博士学位，但海蒂并不属于气候研究人员这个群体，也不属于气候学家群体。她为普林斯顿一个名为气候中心（Climate Central）的非营利组织工作。该组织旨在为气象节目主持人提供每个观众都能理解的气候变化信息。由于当时气候研究人员仍然对"天气"问题避之不及，她约我的老板见面，甚至大老远跑到旧金山来，是有目的的。

2003 年，迈尔斯在《自然》杂志上发表了一篇文章，首次描述了如何将极端天气事件归因于气候变化。一年后，他身体力行，和当时在英国气象局的同事一起研究 2003 年的欧洲热浪，并得出结论：气候变化使热浪出现的概率增加了一倍。因此，迈尔斯发明了天气事件的归因方法，但帮助我们彻底颠覆经典科学的是海蒂。

当我们在考虑是再点一杯咖啡还是离开时，我们注意到街对面还有一家星巴克。我们匆匆赶到那里，透过窗户看到了金发的海蒂。美国城市星罗棋布的星巴克险些让我们失去我们研究分支初次会面的契机。

海蒂是个地地道道的美国人，对我们的"开创性"工作极尽溢美之词。然后，她问了一个关键的问题：我们能否设法加快工作进度？

当然，她的原话不是这样的。但她表达的基本上就是这个意思。

多年来，她一直为天气预报员提供咨询。这一工作方式早已成为她的第二天性。天气不断地被预报。每个国家都有自己的气象部门。私人气象服务机构将它们的预报卖给电台和电视台，也卖给保险公司、电力供应商和对冲基金。实时天气预报一经准备好，就会被立即发布。没有人要求在一个漫长的过程中对每一个预报的科学质量进行检查。天气预报不是科研工作的一部分，但气候研究的结果却是。虽然气象部门和气候学家使用相同的模型，但前者每天都用模型做完全相同的事情，而后者则提出许多不同的问题，一次又一次地开创新的方法，并从细节中发现非常不同的答案。简而言之：我们进行基础研究，气象部门提供服务，都遵循同样的原则。海蒂现在相信，我们在一定程度上能够加快通常情况下从研究到提供服务的漫长过程。

在旧金山举行的第二次咖啡会议上，她变得更加有信心，认为我们可以让工作进度适应记者的日程安排，同时又不会失去科学界的支持。事实证明，赢得科学界的支持是一个相当大的挑战。

然而，在12月的那一天，我们很高兴地被她的想法，即"世界天气归因"说服了，尽管它将从根本上打破科学家此前的工作方法。然而，若要这个项目真正做出口碑，在科学界立足，尚需时日。

经受考验的核心科学原则

科学的一个最重要的特点是遵循所谓的同行评议程序：在文章发表在专业期刊上之前，该领域的独立专家必须审查其研究结果。自从1665年1月5日第一份科学期刊在巴黎问世以来，这一科学标准已经确立了数百年。这份12页的《法国科学杂志》（*Journal des sçavans*）不仅报道了新的文学出版物，还报道了最新的科研进展。例如，第一期中就有一篇关于笛卡儿的论文《论人》的文章。

当然，同行评议并不总能使科研避免产生错误的结果、错误的方法和错误的结论，但它确实可以防止江湖骗术，并使得现代研究成为可能。因此，同行评议极其重要，但也极其漫长。

从提交研究报告到在专业期刊上发表，通常需要一年的时间。因此，如果我们以传统的科研方法发布一项归因研究的结果，公众只能在热浪造成许多人死亡或农作物歉收一年后才能了解气候变化是否以及在多大程度上导致了这场灾难。然而，到那时，下一个夏天可能已经结束。要么那是个多雨的凉爽夏天，要么可能比前一个夏天更炎热。抑或世界另一端的飓风吸引了所有人的注意力。总之，几乎没有人会对前一年的热浪感兴趣。

不仅如此，我们的信息本可以被派上用场的宝贵一年已经逝去。上一次热浪是一次天气事件，还是由气候变化引起且发生的频率将更高，这两种判定的结果是大不相同的。如果是后者，那么相关的城市和乡村就需要为下一次热浪做准备。例如，当地政府可以提醒民众在哪里可以乘凉，并找到最近的公共饮水机。

我们的动作越快，越早公开我们的答案，赢面就越大。我们在旧金山的咖啡馆里猜想，海蒂的想法，无异于一场小型革命。

至少这并没有阻止迈尔斯：在他的职业生涯中，他经常登上最重要的专业期刊《自然》和《科学》的封面——他的研究与众不同，不乏挑衅性。当时，我还没有真正理解"世界天气归因"的概念绝不"只是一个令人兴奋的新项目"。那时，我刚刚开始这份工作。虽然迈尔斯后来转向了其他议题，但我在2012年和2013年担任他的研究助理时，曾全力尝试针对各种天气事件和不同大陆板块对这个方法进行完善。

我把大部分时间花在了一些听起来并不能推动我们这个年轻学科发展的事情上。我追踪研究方法和研究结果中的不确定因素，并将它们揭露出来。不仅天气数据存在不确定性，气候模型也存在不确定性：因为它们是真实气候系统的简化版本，而且我们只能模拟有限数量的天气事件。我们所掌握的模拟数据越少，研究结果的不确定性就越大。我们对罕见天气事件的模拟经验是最少的，但这恰恰是我们最感兴趣的。

说明其中的不确定性是至关重要的，即使它们使科学结果看起来过于复杂。例如，一项研究发现，每天至少喝四杯咖啡可以延长两年的寿命。这乍听起来不错。但是，如果只有少数人参与了这项研究，那么这个寿命延长两年的平均值也可能意味着其中一个受试者的寿命缩短了三年，而另一个则延长了七年。或者其中一个受试者多活一年，另一个多活三年。两种情况的平均值相同，但研究结果却有根本性的不同：在第一种情况下，存在一种趋势，即多喝咖啡可以延长生命，但不一定真的能够延长；在第二种情况下，它确实可以延长寿命，且至少可以延长一年。基于后一种情况，该研究的作者会建议人们多喝咖啡。而基于第一种情况，他们则不会这样做，但会建议让更多的参与者进行新的研究，以排除喝咖啡是否真的可以缩短寿命的因素。因此，计算和量化这些不确定性是任何科学研究的重要步骤。对于我们的新方法，我首先必须制定一个标准程序。我们的研究虽然在起步阶段走得有些跟跟跄跄，但却一次比一次走得更远。

我们的队伍也壮大了。最初，像迈尔斯和我这样致力于天气事件归因研究的科学家的数量用两只手就数得过来。这支队伍中既包括资深的气候研究人员，也包括该领域的新人，比如来自墨尔本的安德鲁·金，以及我自己。这是一个小而紧密的团体，但它的声量比其他大多数气候学家要大得多。我们的团队人气越来越高，但我们仍然每年举行一次非正式会议，远离大型会议，在友好的气氛中交谈和争论，并为新的研究方法集思广益。我们的会议没有议程，没有最终报告，只有二三十位科学家在争论什么是最好的统计方法，以及我们应该在多大程度上——最重要的是何时将研究成果公之于众。尽管大家都在从事归因研究，并认为它很重要，但在世界天气归因组织里，我们几个也是"少数派"，因为我们选择了在计算出结果后尽快与公众分享。

然而，如今有一个人已经退出了：迈尔斯。对他来说，这并不反常。在牛津大学与海蒂会面后，我碰巧在研究所的楼梯间遇到他。他说他无意参与这个项目，更不用说领导它。但他认为我会。

对此，我感到战战兢兢，如履薄冰，但转念一想，即使没有迈尔斯，我们这个组织也已经有足够多的"顽固分子"参与其中。对于一个刚刚进入科学领域的人来说，这是一个巨大的机会，可以让我自己决定研究的内容、时间和方式。

在接下来的 6 个月里，我们的创始团队制定预算，筹集资金，聘请博士后研究气候模型和分析数据。这些工作与我们的常规研究项目并行不悖。我们还组建了一个由顶级气候研究人员组成的科学顾问委员会，每年针对我们的工作撰写一份评估报告。这个步骤极其重要：由于避开了同行评议程序，我们必须通过其他方式获得外部专家对我们成果的验证。如果科学界将我们的研究视为"非科学的"而加以否定，我们在公众眼中的可信度将被摧毁，气候学的声誉也将连带受到损害。

这些研究所依据的方法在很大程度上是在世界天气归因组织成立之前开发的，它们已经在众多出版物中经过了同行评议的检验。但针对单一天气事件的研究结果尚未得到这种认可。

帕里斯·希尔顿事件

2004 年，我们第一次对一个天气事件进行了归因分析。7 年之后，我们才揪出了由气候变化作为"共谋"因素引发的下一个天气事件。这些研究不仅在科学界，而且在公众中引起了轰动。遗憾的是，它仍然没有成为我们所希望的头条新闻。

2010 年 7 月，一股热浪席卷了俄罗斯西部。在莫斯科，人们遭受着高达 40℃的高温，周围的森林和荒原被烧毁。数百人因高温而死亡。来自科罗拉多州博尔德市的科学家在一项归因研究中得出结论，热浪的主要成因是"自然原因"。然而，在另一项研究中，来自波茨坦的科学家证明，如果没有发生气候变化，这项高温纪录有 80% 的概率不会被打破。媒体所报道的结果是自相矛盾的。[1]

我们这门新生的学科能否在第二项研究中证明自己？

在接下来的几周里，我一直在追问这个问题，并试图用我们在牛津开发的方法来确认是否真的存在矛盾点。如果存在矛盾点的话，这两项研究中的哪一项是正确的？后来，结果让每个人都感到惊喜：两者都没有错。它们只是问了不同的问题：一个是对热浪纪录本身感兴趣，即热浪的程度，而另一个对热浪纪录被打破的概率感兴趣。

那么，气候变化是否增加了热浪出现的概率？答案很明显："是。"而气温的高低实际上在很大程度上取决于当地的天气条件，因此说是"自然"原因也没有错。

其实这个问题是一个相对不重要的细节，但对得出的结论有很大影响。我们从中也吸取了教训：应该尽量仔细观察，并提出问题。

俄罗斯热浪是我们研究的第三个极端天气事件。后来，我们又研究了更多的天气事件。这些天气事件在业界被赋名"帕里斯·希尔顿事件"。这个名字很响亮，但没有人知道这么叫的真正原因。显然，这个叫法对帕里斯·希尔顿和热浪的受害者来说都不公平。

然而，所有这些研究促成了一件事：将极端天气事件的归因研究确立为气候学中一个尽管规模很小但却相对独立的分支。

官方的赞誉发生在 2012 年底。当时享有盛誉的《美国气象学会公报》特刊发表了关于前一年天气事件的六项归因研究。从那时起，每年都会有这样的特刊出版——来自世界各地的作者和关于极端天气事件的研究越来越多。然而，2012 年，六项研究中有两项仍致力于研究一年之前英国的暖冬。

2014 年底，我们与海蒂在旧金山会面。除了意识到英国的冬天正在变暖之外，我们还决定在全世界竖起耳朵愿意倾听的时候，揭示气候变化对极端天气的影响。这是前一年出版的政府间气候变化专门委员会第五次评估报告中的一个子章节，也是同行评议的巅峰之作。

政府间气候变化专门委员会评估报告的作者本身就是科学家，但这些报告并不代表他们自己的最新研究成果，而仅代表已经发表在专业文献上的研究成果以及研究方法的结果和质量——它们已经在多项研究中得到了证实。除了科学家之外，所有国家的政府代表也对这些报告进行了审查。你已经无法再期待更多的质量控制了。

然而，当我们开始实施我们的计划时，仍有一些科学家指出我们的"天真"，甚至指责我们狂妄自大。他们质疑我们如何能够在几天内就气候变化在世界各地极端天气事件中的作用进行无懈可击的研究，而这些研究几乎缺乏前期的方法论基础。而且，我们是一个仅由少数几名研究人员组成的团队，却绕过了久经考验的同行评议程序。这就像在第一个灯泡被发明两年后，人们甚至还没有弄清楚如何实现大规模生产，就宣布所有街道将立即安装电灯。一些同行怀疑我们的理智，这并不奇怪。

案例1和案例2：2015年的欧洲

2015年初夏，我们做好了行动的准备（至少我们认为如此）。万事俱备，只欠东风。现在，我们所缺少的只是一个极端天气事件。5月肆虐印度并夺去许多人生命的极端热浪对我们来说来得太快了。我们不得不从更简单的天气事件开始，并练习在几天内就完成一项研究。

它没有让我们等待太久：7月，西欧大部分地区的气温攀升至30℃以上。2015年的欧洲热浪来袭，这成为我们的第一个案例。即使在牛津，天气也很热，以至于在我们的研究所引发了一场关于风扇的争夺战。最终，我们不得不制订计划，以确定谁可以在办公室使用其中一台风扇，以及使用这台风扇的时间和时长。

至少别人是这么讲给我听的。当时我正在巴黎参加一个会议。海蒂也在。虽然该天气事件发生的地点距离牛津很远，条件并不理想，但我们不想错过这个机会。

在巴黎，天气极其炎热，热浪还没有结束。因此，我们没有最终的气温数据，只有天气预报数据可用。在此基础上，我们没有选择被热浪袭击的所有地区，而是选择了预计会异常升温的个别城市：曼海姆、巴黎、马德里、苏黎世和德比尔特。德比尔特是乌得勒支附近的一个小镇，也是荷兰气象局总部的所在地，它的天气数据肯定如假包换。

当热浪持续三天或更长时间时，人们就开始为之所苦。这就是我们专注于气温最高的那三天的原因。整个 7 月 1 日和 2 日，我和同事们坐在酒店的房间里，登录到牛津大学的主机上，并进行数学计算。头天晚上，我们来回地发送电子邮件，以确保我们正确地分析了数据。到了第二天晚上，我们已经得出了结果，并写好了一份情况说明书。在度过一个未眠之夜以及在酒店里汗流浃背的两个白天之后，我们就如何以及采用哪种方法进行研究又进行了一两次争论，最终达成共识：这就是我们的第一个实时归因研究！

这是有史以来第一次在一个极端天气事件还未结束的时候，其所受到的气候变化的影响就作为一个科学事实被公布出来。第二天早上，我们发布了一份新闻稿和概况介绍，指出由于气候变化，热浪在德比尔特出现的概率大约增加了一倍，而在马德里甚至增加了六倍。其他城市的结果介于两者之间。当然，我们希望我们的新闻稿能像炸弹一样一击即中。

但当我们第二天去查看《卫报》、英国广播公司和《纽约时报》的页面时，却一无所获。只有少数几家小众媒体报道了我们的发现。

现在回想起来，这是一件好事。因为后来，我们发现曼海姆的气温已经升到了 38℃，比预报气温整整高出 1℃。因此，我们正确地预测了一个尚未发生的天气事件。回到牛津后，我们再次进行计算，结果发现巴登-符腾堡州的城市出现热浪的概率增加了 500%——而在最初的研究中，它发生热浪的概率只有 200%。如果我们的第一项研究就得到了很多人的关注，很可能会被其他人恶意曲解和中伤。

　　我们从中学到的是：在一个极端天气事件，特别是像热浪、暴雨或飓风那样发展迅速的极端天气事件真正结束之前，少安毋躁。我们同时撰写相关的科学论文，对研究方法中的所有假设和细节进行精确描述，即使我们不把它提交给专业期刊审稿，而是自己直接发表，它也将使得我们的工作变得更加顺畅。也许这篇论文读起来相当枯燥，但它确实有助于反复分析、准确理解同事们得出这个结论的过程，因而是不可或缺的一步。我们学到的另一个经验是：如果参与者彼此欣赏，能谅解彼此因熬夜而产生的暴脾气，对于工作推进好处多多。

　　小试牛刀之后，我们为秋季的下一次检验做好了准备。风暴"德斯蒙德"于2015年12月5日席卷英国北部，造成了严重的洪涝灾害，也因此成为我们的第二个案例。这一次，我们花了五天时间，撰写了一份技术论文、一份通俗易懂的摘要和一份新闻稿。12月10日，我们在巴黎联合国气候变化大会上召开了一次新闻发布会，并宣布由于气候变化，与风暴相关的降雨量已经增加了近40%。这一次，英国媒体以令人难以置信的准确度报道了这件事。即使是像《每日邮报》这种对气候学不太感兴趣的媒体，也详细而准确地报告了我们的研究结果。从我们的角度来看，这一次的研究过程相当完美。同时，它在科学界也引起了不小的轰动。由于同行质疑我们所使用方法的可靠性，[2] 因此我们不得不重复这项研究，并将结果发表在专业期刊上，以便科学界能够接受我们。我们在2017年做到了这一点。[3]

气候别动队

由于引发了科学界的不安，美国国家科学院（NAS）在 2015
年底委托编写了一份关于极端天气事件归因研究状况的报告，目
的是弄清楚是否可以将极端天气事件归因于气候变化，哪些类型
的极端天气事件以及哪些研究方法适用于归因研究。我们整个世
界天气归因组织与该领域的其他一些领先科学家被邀请到了华盛
顿特区。我们感到非常紧张。

在 10 月的一天，我们在第五街和东街交会处一栋气派的科
学院大楼里接受了"问询"。尽管这两天实际上更像是一场包含
了讲座和讨论的科学会议，我们仍然有这样的感觉。我第一个发
言，讲的是归因科学的现状。随后，专家就不同类别的极端天气
进行了讨论，或者做专题报告。这是我说服那些报告人的机会，
我有责任让他们相信我们的工作与气候学领域正在发生的事情一
样，是好的科学。我的发言基本上是在一片沉默中结束的，所以
我无法判断我是否取得了成功。我们团队中的任何人都不得成为
报告的作者，也不得作为审稿人参与审稿过程。这是一份真正独
立的报告，但我依旧觉得好像是站在法庭的门前。

我们不得不等了将近半年的时间才等到报告的发布。其间，
我们也在做其他项目，暂时让世界天气归因研究退居二线。后
来，我们通过视频会议接受了第二次采访。2016 年 3 月，该报
告终于发布。报告称，我们的工作对于研究不同类型的极端天气
提供了一种可能性，甚至建议科学家使用我们在世界天气归因组

织中开发和改进的方法开展研究。

我们并不感到惊讶。对于这个项目，我们一直小心翼翼，生怕犯错，比在其他任何研究项目中都小心得多。尽管如此，我们还是觉得我们已经赢得了一场胜利，《纽约时报》是这场胜利的见证者。[4] 它在一篇翔实的文章中将我们的团队称为"气候别动队"（Climate SWAT Team）。

当然，这并没有让所有批评气候学的人沉默。[5, 6] 但如果人在生活中遇不到一点儿阻力，会是很无聊的一件事。

现在，没有什么能阻挡归因计划的迅速推进。我们终于可以把精力用在我们真正想做的研究上了。席卷整个欧洲的热浪、巴黎的极端降雨或英国的风暴当然是有意义的研究对象，但即使塞纳河的洪水更频繁地淹没两岸，富裕的巴黎依然可以找到适应的方法。然而，如果气候变化使孟加拉国的洪水更有可能发生，那么极端天气就会很快演变成一场灾难。

最重要的是那些导致许多人失去家园、受伤甚至死亡的极端天气，以及导致一个国家经济崩溃甚至倒退多年的极端天气，比如干旱、超过 50℃ 的热浪、台风和飓风。发展中国家比工业化国家受到的影响更大，因为它们更加脆弱，极端天气可能成为危及它们生存的问题。即使在工业化国家内部，受影响最严重的也主要是边缘化地区和群体。

另外，如果气候变化根本无关紧要，那么至少同样重要的是，不要把解释权留给政治游说团体。我们必须踩痛政客的脚趾，让他们为简单粗暴的糟糕规划负责。

这就是为什么我们要争取让这门学科立得住。这是一场与缺失的天气数据、不合适的模拟模型和无法整合的数据集对抗的斗争。一切都需要时间。特别是对于那些我们尚不能进行归因的极端天气,例如飓风。

第 4 日和第 5 日

周二一早,唐纳德·特朗普就穿着雨衣站在得克萨斯州科珀斯克里斯蒂市消防站前的一辆卡车上。这个城市与罗克波特一样,成为首先被"哈维"袭击的目标。"好热闹啊,好多参与者啊!"美国总统向人们喊道。有人递给他一面得克萨斯州州旗,特朗普很快就挥动起来。

据《纽约客》[7]报道,后来他在奥斯汀运营中心的一场情况说明会上称:"我从来没见过这么多的水,水量简直太大了!它一定会,呃,也许有一天会退去的。让我们拭目以待!"

如果特朗普访问休斯敦,也许他会更加惊讶,但美国总统和他的随行人员决定避开这座大都市——它已经基本上被淹没了,不具备为总统访问提供妥善环境的条件。

周三,休斯敦的雨慢慢停了。灾害的程度还远未明确。现场的救灾人员报告说,街道和房屋仍被淹没于水中。一张照片在社交网络上引起了轩然大波。照片显示,一家疗养院的病人坐在轮椅上,浑浊的水已经到了他们的臀部。[8]后来,他们被疏散了——

就像其他成千上万的休斯敦人一样，在学校和体育馆里铺开了睡袋。

但不是每个人都能得到帮助。任何救灾组织都不可能做好充分准备，以便在美国历史上最严重的洪灾中幸免于难。[9]当地至少有22人死亡，几乎1/3的地区被水淹没。

我们的团队已经获悉，该市最大的降雨量出现在8月26日至28日的三天里。之后，雨继续下。但几乎所有地方都是在8月28日这一天达到了最高水位。在降雨量最大的气象站休斯敦NWSO，这三天的降雨量达到了1043.4毫米。有了这些数据，我们就有了可供分析和定义该天气事件的基本信息。

我们确定了研究的时间段：降雨量最大的三天。接下来，我们需要缩小"哈维"的空间范围。因此，我们尝试了不同的可能性，首先是休斯敦，然后是休斯敦及其周边地区，最后是休斯敦、休斯敦周边直到州边界的地区，其中也包括科珀斯克里斯蒂。特朗普就是在那里挥舞着旗帜，对那里的水量之大感到异常惊讶的。

至少我们现在可以说，这是一个真正的罕见天气事件。无论我们看的是休斯敦本身还是整个地区，来自气象站和卫星的数据都给出了相同的结果："哈维"是一个极端天气事件。

在今天的气候状况下，该城市此次的降雨量预计最多每9000年才会出现一次。这是从我们现有的最完整、最长的数据集中得出的结论。但是，如何从100年的天气记录中发现每9000年才会出现一次的极端天气事件的规律呢？运用极限值统计法。从所有观测到的极端和非极端天气事件中，我们使用数学假设，就能推断出比我们迄今为止观察到的任何天气事件都更为极端的天气事件。我们距离实际测量的降雨量越远，这些方法就越不精确。所以，9000年只是一个粗略的估计，它也可以是2万年，但这个区间范围不可能更大了，因此不可能是500年或5万年。

在接下来的几天里，我们又收到了新的天气数据，从而能够计算出更精确的数值结果。但经验表明，这个结果不会有太大变化。

我们还需要查明的是：气候变化给"哈维"留下了什么印记？虽然"哈维"肯定是极端天气事件，但它可能不像特朗普所说的，是完全凭空出现的"史诗级的"和"历史性的"风暴现象。华盛顿特区、得克萨斯州首府奥斯汀和休斯敦的主政者说不定早就预料到未来会出现比目前观测到的更强烈的风暴和降雨。是的，他们肯定预料到了。

第四章

人的因素：
考量气候变化对天气的影响

如果没有发生气候变化，今天的世界会是什么样子？这并不是一个牵强附会的空想实验。它是我们工作的基础。只有当我们能够模拟出一个没有发生气候变化的世界时，才能确知它是如何影响我们今天的天气的。

具体的操作是这样的：我们假设存在一个未发生气候变化的世界，将这个世界中的天气与当今世界的天气进行比较。这就好比我们把反映一个世界可能发生的天气的空间模型放在另一个世界可能发生的天气空间里，然后检查模型的轮廓是否发生了变化，即天气是变得更极端了，还是不那么极端了。

不受气候变化影响的"元世界"是一个纯粹的、从未存在过的假设世界。我们的问题不是在一个没有人类的世界里，一个天气事件发生的概率有多大。相反，我们的问题是：在我们这样的世界里，如果不存在人为导致的气候变化，一个天气事件发生的概率有多大？

如果这个世界不存在人类，大气层里就不存在我们几个世纪以来向空气中排放的所有温室气体。今天的植被也会呈现出非常不同的景观：地球表面的大部分会被森林，也就是原始森林覆盖。事实上，如果不存在人类，这些原始森林看起来会与我们现在的森林非常不同。毕竟，几千年来，我们砍伐了森林，又重新造林，我们的迁徙又促成了树种从世界的一个地方向世界的其他地方传播。然而，森林面积越大，它们对气候的影响就越大，从而也对天气产生了影响。

所以，我们所假设的不存在气候变化的世界，并不是几百年前的那个世界。我们的模型世界不是一个未被开发的原始世界，而只是一个没有被过量排放温室气体的人类世界。

在这样一个虚拟世界里，我们仍处于"人类世"，人类是引人注目的焦点。如果人们愿意的话，可以称自己为"人类世之光"。基于化石燃料的工业革命将不会发生。这显然是不现实的——如果没有这场革命，我们的星球会发展成另外一副样子——会变得更好还是更坏，尚未可知，但这意味着我们至少有可能不必面对全球变暖的问题。这就是我们创建这一反事实模型的意义。

我们模拟这个模型世界中可能出现的天气，并将其与现实世界中可能出现的天气进行比较，以便对极端天气进行归因——这个基本思路也已经被勾勒出来了。对于现实世界中的干旱或飓风等天气事件的定义就是一张张蓝图。我们在这两个世界中搜索，看看有多少天气事件符合我们正在搜索的样本。

具体如何操作呢？首先，我们找出某个地区在当今情况下可能出现的天气。比如，休斯敦这个城市的平均降雨量是多少？该市十年一遇的极端降雨强度有多大？五十年一遇或百年一遇的极端降雨强度有多大？我们所观测到的在该市发生的这次降雨发生的概率有多大？

接着，我们模拟出没有发生气候变化的世界里可能出现的一个天气事件，并提出完全相同的问题。如果该天气事件在此种或彼种条件下发生的概率更大（或更小），那么这种差异显然是由气候变化造成的。毕竟，用于天气模拟的两个世界之间的唯一区别就是是否存在气候变化。因此，如果我们预测一个极端天气事件在今天的气候条件下是十年一遇的，但在没有气候变化的世界中却是百年一遇的，那就意味着，气候变化使该天气事件发生的概率增加了十倍。

可测量的世界

我们首先要重建现实世界的天气，以便更好地在当今世界和虚构世界中模拟可能出现的天气事件。要做到这一点，我们首先需要对现实世界中的天气状况有一个清晰的了解。这意味着要尽可能找到更多可追溯的天气记录，包括过去的气温、风力、降雨量等等。

一方面，我们需要通过数据来还原当初发生的情况：在休斯敦那场洪水发生之前，在何时、何地下了雨？降雨量有多大？

另一方面，我们需要通过天气数据来计算出这一天气事件发生的概率。在此基础上，我们就可以对一个天气事件下定义了。例如，我们研究 2010 年的俄罗斯热浪，那么 7 月莫斯科周边宽广地区（东经 35~55 度，北纬 42~60 度）的最高气温值就是我们所需的天气数据。一旦我们能够清楚地勾勒出这个天气事件，就可以在气候模型，同时在当今世界和不存在气候变化的假设世界中模拟它。

我们依然需要用天气记录来检验我们的模型。并非所有记录都用于真实地模拟我们所关心的天气事件。因此，天气数据是气候模型和现实世界的纽带。

如果没有天气预报，我们只能对天气特征有一个非常模糊的概念。如果没有长期的天气记录，没有人会知道基尔的年平均降雨量为 700 毫米，也没有人会知道副高压在一个地方停留了多长时间，以至于导致了夏季的炎热和冬季的严寒。通过天气观测得出的天气数据是不可或缺的宝贵财富。

卫星给天气照 X 光片

1979 年以后，我们具备了测量世界各地天气的能力。从那时起，卫星一直绕着地球飞行，记录逐个区域的天气状况。天气记录的历史刚好够我们开展这项工作——至少对于那些没有测量站的地区是这样。我们的确需要以 30 年为一个时间单位来确保我们对气候发表的见解是严谨的。对于世界上任何一个地区而言，其气候基本上不外乎是其 30 年内天气的平均状况。

这个计算方法并不是随意设置的。因为天气每天、每月、每年都在变化。但变化总发生在 10~30 年的较长周期内。在周期内，天气的变化相对较小，而在这些较长尺度上，人们测量到的天气数据的精确度也有很大的差别。因此，30 年作为一个周期，是衡量自然天气变化的重要尺度，并能够保证测量数据具备相对一致的精确性。

当然，具体这个周期是 29 年还是 33 年，差别不大。但无论如何，10 年都太短了。特别是在热带地区，天气几乎一成不变，但往往每隔 5~7 年会发生非常剧烈的变化。我们需要在平均的天气状况中找出几个这样的周期，才有资格谈论气候。

因此，30 年是最短的周期。对于极端天气，我们必须研究更长的时间序列，因为根据定义，它们是罕见的，因此在 30 年内不会经常出现。数据能追溯的时间越长越好，有些数据甚至可以追溯到 19 世纪末。当时，气候变化几乎无法通过全球平均气温来测量，因此，这些天气观测数据所呈现的世界，最接近没有发生过气候变化的世界。

今天，我们大多数人认为，我们理所当然地生活在一个可以被测量的世界里。在地理上，这种观念至少始于谷歌地球。就天气而言，也是一样。但是，即使在卫星观测时代，我们也很难确定，眼下是否即将有一场大雨倾泻在刚果中部的热带雨林中。

目前有两种类型的卫星在实时监测我们的天气：一种是地球同步卫星，它们与地球同步旋转，从而创建一个位置的全天候图像。另一种是逆地球自转运行的卫星，大约每12小时就能依次照亮地球上的每一个点。与地球同步卫星相比，这些卫星具有良好的空间分辨率，但它们每天只提供两次图像，一些强降雨甚至不会出现在它们的雷达图像上。

所有拥有空间机构的国家和地区，如美国、中国或欧洲，几乎每年都会向太空发射新的卫星。并非所有的卫星都是用来观测天气的，它们也可以用同样的技术来记录其他事情：森林火灾、非法砍伐雨林或偷建军火工厂。

唐纳德·特朗普领导的美国政府正在系统地削减气候和天气研究及其卫星任务。尽管如此，2018年初，美国国家航空航天局依然能够将一颗新的GOES-R（静止环境观测卫星-R）系列卫星发射到地球同步轨道上。这颗卫星可以更好地解读雷暴期间发生的情况。

卫星在探测云层和大规模高、低气压区域方面的表现尤为出色，但在监测降雨方面却不那么灵光。老式的卫星几乎很难将下雨的云层和不下雨的云层区分开来。

无论如何，人们必须在其他天气记录的帮助下对卫星测量数据进行校准，并与密布在世界各地的气象站网络的数据进行比较。通过这种方式，我们可以计算出卫星数据存在的误差，从而得出一个修正项，以便能够对未来的卫星数据继续进行校准。在理想情况下，即使没有气象站，卫星最终也能够相当准确地绘制气象图。

遍布全球的气象站

气象站实际上并没有什么特别之处：其主要设备包括一个温度计，设备从简的话会布置一个用于确定降雨量的量杯，通常还有一个用于测风速的风速计、一个气压计以及几个记录湿度和日照时间的仪器。

所有这些测量仪器现在几乎都可以自动运行。大多数气象站已经不需要靠人工每天读取这些仪器上的数据。但是，即使是最先进的自动气象观测站，也不能免于维护。如果设备出现故障，且没有立即被修复，测量的序列就会中断，导致测量数据的有效性降低，有时候甚至会失效。例如，我们的研究所在撒哈拉沙漠建立的一些观测站就不断出现故障——要么是设备故障，要么是电缆被当地的动物啃坏了。

最完整且水准最高的观测序列仍然由人工气象站提供。100年来，尽管这些气象站是铁打的营盘流水的兵，工作人员不断更换，但他们无一例外地每天都在同一时间读取观测设备的数据，圣诞节和除夕也不例外，无论是在战争时期还是和平时期。德国波茨坦电报山上的气象站就是这样一个例子。德国波茨坦气候影响研究所（PIK）的总部就设在这里。

这些数据被立即以数字的形式记录下来，原则上，它们是可以实时使用的。然而，如果有必要的话，大多数国家会在几天或几周后才发布它们。

尽管气象站网络遍布全球，但它们的设施状况却非常不平衡，且疏密不均。这种情况不仅出现在撒哈拉沙漠以及刚果这样的国家——当然，我们感谢卫星技术令我们在这些地方不再完全处于黑暗之中——即使在欧洲，不同的国家也存在差距。例如，荷兰的气象站密集程度很高，但法国和德国的气象站网络却稀疏得多。

航海日志：向海员学习

如果你想了解天气变化的情况以及发生变化的原因，你所需要的不仅仅是过去几十年用最先进的技术所记录的天气数据，而且必须回到过去，深入欧洲古老大学的地下室墙壁，或者与几个世纪前在七大洋上乘风破浪的海员打交道。

对于海员来说，天气是生死攸关的大事。因此，他们一直密切观察和记录着天气。船舶的航海日志提供了一个独特的天气数据来源。"旧天气"（Old Weather）[1] 计划的任务就是将此类日志数字化。在"公民科学家"志愿者的帮助下，该计划主要基于那些从捕鲸船的航海日志中读取的天气数据。这是一项烦琐的工作，因为大多数日志都是手写的，而且事先并不清楚哪些日志包含天气数据。但对于许多志愿者而言，这恰恰是最令人兴奋的：他们不仅可以了解到过去某一年北冰洋上空的天气情况，还可以了解到在远离任何文明的情况下某一艘冒着严寒航行数周的捕鲸船上发生了什么。

愤怒的天气

在这些项目的帮助下，科学家近年来成功地分析了 19 世纪中叶以来关于气温、降雨和气压的数据序列。这使得我们第一次有可能分析工业化早期的天气数据——对我们的工作而言，这是一座金矿。

牛津拉德克利夫天文台

航海日志可能是最具异国风情的天气数据来源，但它们远不是唯一的来源。世界上最长的连续降雨记录存放在我位于牛津的办公室的负三层地下室中。那是一栋可以追溯到 20 世纪 60 年代的砖砌建筑。

它们来自牛津拉德克利夫天文台[2]的气象站。这座历史悠久的塔楼早已被固定在草坪上的光秃秃的测量仪器取代，如今这种情况在世界各地都很常见。但这块草坪位于格林-坦普尔顿学院的院子里，也就是曾设有气象站的塔楼的脚下。记载着该站测量结果的原件则存放于我们研究所地下室的一个铁柜子里。每次当我打开其中一个记录本，开始翻阅 18 世纪和 19 世纪的条目时（幸好聚特林书写体*从未在英国推行过），那些文字都会给我留下新的印象。与其说是因为它们所记载的那段历史，不如说是因

---

* 聚特林书写体是德文尖角体字母的 Kurrent 书写体之一，由路德维希·聚特林设计。它于 1915 年在普鲁士开始使用，并在 20 年代推广到德国，至 1941 年停用。——译者注

为除了所记录的日期之外，它们与 20 世纪的条目没有任何区别。这就是它们的价值所在：只有始终以相同的方式测量天气，我们才能真正了解天气是否在变化以及它如何变化。

世界各地的人们都在努力将带有旧天气记录的书籍扫描到计算机中，使它们能够被科学地使用。现在，拉德克利夫天文台的天气数据已经全部数字化，所以我自然不再需要跑到地下室去翻阅它。

我们上次使用它是为了研究 2014 年英国南部的极端降雨。[3] 我们研究了过去 200 年中牛津冬季的降雨量。在此基础上，我们发现，由于气候变化，像 2014 年那样的极端降雨发生的概率实际上增加了 40% 左右。

计算机模拟：掷骰子，测天气

但是，即使是最好的观测数据，也只能反映过去 100 年中实际出现过的天气情况，而不能反映所有可能出现的天气情况。

如果我们所掌握的只是过去 100 年中的观测数据，又如何能自信地谈论每一万年才能发生一次的天气事件呢？答案是：根本不可能。这就像掷 10 次骰子，有 5 次是 6 点，然后就想要根据骰子的点数计算掷出 6 点的概率一样。要知道，正常掷一次骰子，我们所预期的概率就是 1/6。

那么，我们该怎么做？

如果我们知道天气数据遵循什么样的分布规律，就可以对观察到的数据进行进一步扩展。这意味着尽管我们不知道分布的确切情况，但至少可以做出合理的假设，并使用它们来估计天气事件发生的概率。

因此，我们需要统计数据：不管是日常天气，还是极端天气，都只是在我们的气候条件下可能发生的众多天气事件之一。要确定一个天气事件发生的概率，我们不仅需要考虑实际天气，还要考虑可能出现的天气。因此，我们必须更频繁地掷骰子，以便能够仅通过阅读骰子上的数字就能确定掷出 6 点的概率。事实上，这就是我们让气候模型做的事情：掷骰子，测天气。我们在给定的气候条件下模拟可能出现的天气。为此，我们需要使用统计模型和气候模型。

下一步，情况变得更加复杂，因为我们要离开我们所生活的世界，进入一个没有气候变化的世界。在那里，我们拿不出任何可以与我们的模型进行比较的东西。真正的归因研究开始了。为了估计在没有气候变化的世界里，一个天气事件发生的概率有多大，我们需要测算在我们从未观测到的气候条件下可能出现的天气。虽然我们确切地知道，用骰子掷出 6 点（和任何其他点数）的概率是 1/6，但我们并不知道在未受人为因素影响的气候条件下，可能出现的天气是什么。

这个理念听上去很简单，但实施起来却一点也不简单。要找出可能出现的天气，仅仅使用气候模型模拟一两次过去 10 年中每天可能出现的天气是远远不够的。相反，我们需要对可能出现的天气进行数百次模拟。例如，如果我们只模拟两个可能出现的夏天，那就像采到了两株叶草，一株是三叶的，一株是四叶的。如果你以前没有见过叶草，你就不会知道三叶草是正常情况，而四叶草是特殊情况。这就是为什么我们必须如此疯狂地模拟可能出现的天气。

如果没有计算机技术的快速发展，没有更高效的处理器和更大的存储空间，我们不可能做到这一点。这种所谓的模型模拟集合的计算成本是无可估量的。英国气候门户网站 Carbon Brief 计算过，"一个全球气候模型所包含的计算机数据通常足以写满 18 000 页的印刷文本，[4] 而这需要一台网球场大小的超级计算机来维持运行"。

事实上，即使在今天，我们也负担不起归因研究所需的巨大的计算能力。我们只能感谢一个非常特殊的、富有冒险精神的群体。多亏他们能在浩瀚的太空中寻找"外星人"，我们才能"为所欲为"。关于这件事，后面我会展开来说。

现在，让我们首先沉浸在两个虚构的世界中：一个是可能会发生某一天气事件的当今世界，一个是没有发生气候变化的世界。为了进入这两个世界，我们需要气候模型和物理学。

没有发生气候变化的世界是什么样子的？

气候模型是气候系统的数学表达。在它的帮助下，我们可以重建气候系统，创造出一个可用于实验的人造地球。医学院的学生不会直接给人做手术，而是先给人体模型做手术。

像所有的物理系统一样，气候系统也受能量守恒定律、质量守恒定律和动量守恒定律的制约。因此，能量、质量和动量既不会产生，也不会消失，而只是在一个封闭的系统中被转化为不同的形式。

地球的气候系统并不是一个封闭的能量系统，因为能量来自外部——太阳。然而，由于能量不会消失，进入系统的相同数量的能量也必须再次等量地流出。这就引出了构成所有气候模型基础的第一个重要方程——能量守恒定律。借助这个简单的气候模型，我们可以计算出，当进入大气层的温室气体更多或火山喷发出的硫黄颗粒更多时，全球平均气温会发生多大的变化。尽管全球平均气温非常重要，但我们还想了解更多。对于一名医生来说，仅仅为病人测量体温是不够的。

下一级更复杂的气候模型则将质量守恒同时考虑在内。就质量而言，地球可以被视为一个封闭系统。这是因为与大气层本身的质量相比，进入和离开大气层的粒子的质量非常小，我们可以忽略不计。质量守恒意味着，如果你降低了海洋或大气中某一个位点的气压，从而减少了该位点上的水分子或空气分子的数量，那么系统中另一个位点上的气压肯定是增加的，因为分子是不会消失的。

质量守恒也可以用一个简单的方程来计算。借助这个方程，气候系统可以被划分为几个比较大的不同部分。比如，我们把地球分成几个不同的盒子：一个装有"热带大气"的盒子、一个装有"中纬度"的盒子、一个装有南北两极的盒子和一个装有海洋的盒子。盒子内部的气压和温度会发生变化，比如当有更多的能量从外部进入盒子的时候。我们可以计算出盒子之间的气压差是如何被平衡的。换句话说，这就相当于发生在较大范围内的大气环流和洋流。

这些模型相对简单，可以快速并经常性地进行演示。有了这样的模型，我们可以计算出陆地、大气和海洋是如何以不同的速度升温的。但是，我们仍然无法用这些模型来模拟天气。我们还需要动量守恒，即牛顿第二定律。根据该定律，力等于质量乘以加速度。

人们都知道，在地球上任何一点，都存在可以作用于一个空气分子的力，而这个力决定了这个分子如何运动，从而决定了风是如何吹动的。物理学家克劳德-路易斯·纳维和乔治·加布里埃尔·斯托克斯描述了作用于空气分子并使其加速的四种力：地球自转（科里奥利力）、大气压差（气压梯度力）、摩擦力和地球引力。[5]

现在，我们有了可用来模拟天气的大气环流模型。至少从某种程度上来说，它是合理的模型。但是，模型不可能解出大气或海洋中每一个位点的所有方程。我们必须简化方程，否则我们所花费的计算时间不可估量。"所有气候模型都是错误的，但有些是有用的。"统计学家乔治·博克斯最早提出了这个看法。[6]他是对的。气候模型只能简单化地演示实际发生的天气。但如果它们所反映的一些天气的基本特征是正确的，它们就是有用的。

　　将气候模型最简化的方式是：一方面，不把大气看作一个连续体，而是将其细分为离散的三维部分。这些部分在全球范围内形成了一个网格或网络。我们可以在每个网格点求解简化后的方程。在旧的气候模型中，网格点之间的距离有时长达几百千米；而在新的气候模型中，这个距离在赤道上大约只有 100 千米，在两极甚至不到 100 千米。另一方面，在垂直方向上，越往大气层的上面走，网格点之间的距离拉得就越远。因为在低层大气中，很多天气的变化发生在一个较小的空间里，但高处的气压非常低，只有少数分子漂浮在周围，变化发生在更大的空间里。水平和垂直网格点之间的距离越远，模型的计算速度就越快，但精确度就越低。

　　在所需的时间间隔（例如每 15 分钟或 30 分钟）内，模型可以在每个网格点计算气温、气压、风速、风向以及许多其他气象变量。为此，我们必须为模型设置方程，而且要在模型开始运行之前，为所有变量设置初始值。这并不是指我们要把初始值设为零——这么做会增加计算量，我们只是为模型提供气温和风速等变量的初始值（初始值一般是基于已观测到的数值），然后由它来计算这些变量的变化。到目前为止，该模型仍然缺少的是气候系统的驱动因素，这些因素包括实时的太阳辐射、大气中温室气体的浓度和细微颗粒物（即所谓的"气溶胶"）的浓度。这些因素不在该模型所能计算的范围之内。如果模型的网格点间距只有几米，我们可以将这个模型视为完整的：它具备了物理方程、初始条件和相关的驱动因素。

但是，有的网格点相隔数百千米，而天气事件发生的范围要小得多。每个人都有过这样的经历：城市的一端正在下雨，另一端却阳光普照。因此，这样一个粗略的气候模型不能用来解析降雨问题。与云层和许多其他在小范围内变化的变量一样，降雨无法成为这些基于物理定律的方程的一部分。

针对这个问题，我们有一个解决方案：将变量参数化。这意味着：某个网格点是否降雨以及降雨量的大小不是由物理方程决定的，而是由一个经验方程决定的。换句话说：有的变量是可以通过模型进行物理计算的，而另一些变量是无法进行物理计算的，但我们同样需要它们。我们要做的就是找到这两种变量之间的联系。预测经济发展的模型也是完全基于这种经验方程。没有任何法律规定，国民生产总值上升，失业率就会下降。然而，从经验上看，情况确实如此。因此，经济学家普遍使用当前的失业数据作为参数来预测经济增长情况。

在气候模型中，我们计算降雨量的方法基本相同。我们将气候模型与天气记录进行比较，并尝试需要改变哪些参数，才能更好地模拟实际天气。例如，我们需要测试云层中的水滴要有多大才会形成降雨。顺便说一句，我们很少能找到可以真实地描绘世界任何地方的天气的参数。例如，把一个数值设为参数后，或许能对德国的降雨进行非常真实的模拟，但当模拟的对象变成热带雨林后，热带雨林却很可能被模拟成沙漠。对于欧洲的天气预报来说，这也许是可以接受的，但如果要了解全球气候变化，就需

愤怒的天气

要折中的参数，即能够模拟出符合世界所有地区现实天气的合理参数。这个参数并不一定符合物理学原理，例如模型中的雨滴可能比现实世界中的雨滴大得多，但模型可以模拟出真实的降雨量。

即使没有这些简化，模型也不可能是完美的，因为气候系统是混乱无序的。即使初始条件只发生很小的变化，天气也可能会朝着完全不同的方向发展。例如著名的蝴蝶效应，一只蝴蝶扇一扇翅膀，可能会引发飓风。边界条件也会造成不确定性，例如，一座火山的喷发可能彻底改变未来两年的天气。

尽管存在这些不确定性，气候模型仍然可以做很多事情。天气预报就是最好的证明：实际上，我们可以在世界上任何地方非常准确地预测未来几天的天气。气候模型发挥作用的另一个例证是全球变暖：人们于 20 世纪 90 年代初就预测了 1990 年至今的全球平均气温，当时的预测与如今的现实情况完全一致——尽管当时气候模型的空间分辨率要粗糙得多。

我们的模型无法准确预测 10 年、20 年或 30 年后的天气，因为气候系统是混乱无序的。但是，2050 年 1 月 30 日的牛津是否下雨，这根本不重要。我们想知道的只是，与过去 200 年中每一个月的平均降雨概率相比，那天的降雨概率是否发生了变化？如果是，为什么会发生这样的变化？我们一定能够越来越圆满地回答这个问题。

为此，我们需要的不仅仅是一个气候模型，而且要找出造成模型参数错误的单个气候模拟中的错误。得出相同结果的不同模型越多，这个结果就越有可能反映现实。我们对模型进行的模拟越多，就越能更准确地估计天气事件发生的概率。想要做好归因研究，模型必须使用尽可能多的方式将物理方程和参数转化为计算机代码。但所有这一切都需要基于巨大的计算能力：最终的结果是几 TB 的、通常是不同文件格式的数据。

归根结底，这些都是数字，海量的数字，数据量非常大。如果我们只使用一个简单的模型，将一年的模拟文件读入计算机程序，然后对其进行评估，可能需要长达两个小时的时间。除了横跨整个大陆的热浪，我们还需要具有高空间分辨率（即密集网格）的模型来测算天气。我们从大型气象计算中心的气候模型中可以获得这样的模拟模型，如欧洲中期天气预报中心（ECMWF）、美国国家大气研究中心（NCAR）或日本海洋-地球科技研究所（JAMSTEC）。模拟一个模型年可能需要两周的时间。如果我们只在一台大型计算机上运行这些模型，将需要极大的耐心和大量资金。而这两者，我们都没有。

向外星人猎手学习

外星人猎手为我们指明了一条摆脱困境的道路。20 世纪 90 年代，加州大学伯克利分校空间科学实验室收集到大量来自太空的声音。这些声音是用射电望远镜收集的，可能包含外星生命的证据。然而，没有人能够解读这些声音背后的含义，空间

愤怒的天气

科学实验室的工作人员也无法放心地依靠任何一台机器来解析这些声音；毕竟，没有任何先例可供机器学习，好知道如何入手。因此，人类不得不承担起这项任务。但是，这支科研团队的规模太小，无法对大量数据进行筛选。这就是为什么他们要寻找帮手。

他们开发了一个名为 BOINC 的软件，将录音发送到世界各地的私人计算机上。这些计算机的用户可以自愿收听，如果发现了有趣的东西，可以向团队报告。Seti@home 项目由此诞生。

我们今天也遵循类似的模式，甚至使用相同的软件，在世界各地成千上万名志愿者的帮助下解决我们的建模问题。区别只有一个：我们的志愿者不是亲自花时间寻找外星生命，而是给我们提供他们计算机的计算时间。本质上，他们只是花在电费上的钱会稍微多一点儿，但这使得我们拥有了迄今为止世界上最大的超级计算机。

幸运的是，我们无须支付一分钱就可以使用它——感谢支持Climate*prediction*.net 项目的忠实志愿者。[7] 仅在 2015 年，所有这些处理器的工作时间就达到了 12 万年。如果要在最便宜的云端购买这些时间，我们将不得不花费 60 亿美元。

我们的程序在志愿者计算机的后台运行。如果你基本上只将你的个人计算机当作打字机，而几乎不使用它的处理器，就可以把这台计算机的计算能力借给我们。如果这台计算机在工作时过载，我们的模型就会暂停。参与者不需要任何技术或科学知识，只需下载 BOINC 软件并连接到 Climate*prediction*.net 项目。目前，我们的计算机已经可以计算出一个模型年份的天气情况，而后将包含完整结果的文件传给我们，我们可以对其进行分析。顺便说一句，在这个过程中，我们永远无法访问志愿者的计算机，所以它们是安全的。我们还为大多数志愿者提供屏幕保护程序。任何感兴趣的人都可以观看模型的计算过程，了解气温、气压或降雨量是如何变化的。

在 4 万多名积极的志愿者中，有些人甚至保留他们的旧计算机，只为 Climate*prediction*.net 运行。多年来，志愿者也在不断变化。世界上许多人之所以加入我们，是因为我们正在开展涉及他们所属地的实验研究。在此期间，共有 70 万名志愿者参与其中。如果没有这个项目，极端天气事件的归因科学可能会推迟数年才被发明出来。

第 6 日

8 月 30 日，雨停了。但是，休斯敦街道上的水仍未退去。有毒的污水混杂着石油、汽油、动物尸体和各种垃圾。那些不能或不愿逃离洪水，在城里坚守到暴风雨结束的人，仍然在水里行走，或者划着各种各样的"船"穿行。他们别无选择，只能一边寻找食物，一边找人帮忙开始清理。对于救援人员来说，这些人是他们工作的重中之重。

国际媒体的注意力再次转移。最初它们关注的是飓风，然后是受灾人口。现在，它们的报道转向了这次天气事件产生的更广泛的影响以及该天气事件的可预测性。市政府做了力所能及的事了吗？

但是，从昨天开始，我们一直试图回答的问题也出现了在媒体上：这是一种什么样的天气现象？我们真的能指望一座城市为大约9000年一遇的天气事件做好准备吗？这个数字还没有出现在媒体上，但我们现在非常确定，这大致是在当今世界，即在一个平均气温比前工业化时代高出1℃的星球上发生此类天气事件的概率。这一次，我们不必下到古老的地窖里，也不必翻阅水手的航海日志来寻找合适的观测数据。美国的降雨记录是数字化的，可以免费查阅。因此，我们只需下载数据，并使用世界气象组织提供的编号，即可确定休斯敦的位置。

从天气数据中，我们已经可以看到，气候变化确实使得休斯敦更有可能出现类似的强降雨，甚至比单纯的地球变暖所导致的预期降雨量更大。

第五章

热浪、强降雨及其他：
天气中的气候变化这么多

经过 20 多次归因研究，我开始对气候变化在天气中的面貌有所了解。它的面孔可能与许多人想象的不同。

即使是气候学家，迄今为止对这件事也没有清晰的认识。他们不得不采用一些笼统的说法，比如，就全球平均状况而言，全球变暖使热浪、强飓风和强降雨发生的风险有所提高。然而，仅仅是认识到气候变化只在全球平均状况下影响天气，并不能帮助我们为这些变化做好准备，也无助于满足我们的好奇心。

与此相反，我们的团队提供了一个相当独特的视角，即在具体案例中，气候如何反映在我们的天气中，以及气候变化如何改变了某些特定极端天气事件发生的概率。现在，我们已经可以从这些研究中解析出第一批案例。

当然，这并不容易。这是因为气候变化不像作用于人体的兴奋剂那样，能够系统地分布在世界上所有的天气事件中，并使各地气温均匀上升，至少不是在那些既发生全球变暖又发生大气环流变化的地方。

气候变化以高度不均衡、几乎反复无常的方式在我们的天气中表现出来：它可能使某一天气事件发生的概率更大，或者更小，抑或对其发生的概率根本没有影响。在前两种情况下，气候变化会影响天气，但程度不同，后果也大不相同。

欧洲的热浪：新的夏季常态

没有比热浪这种极端天气能更明显体现气候变化的了。在工作启动之初，我们假设在各种形式的极端天气中，热浪是我们最容易理解和模拟的类型——我们只需要一个比较粗略的模型，并进行少量模拟，因为它本身的变化很大。原则上，我们相信我们已经或多或少地了解了一切。后来证明，我们错了：热浪被证明是极其复杂的气候变化的指征。

2003年夏天，一股热浪席卷整个欧洲，并持续了数周之久。德国多个地区的气温超过了40℃，葡萄牙南部甚至高达47.5℃。对于老人来说，这是一场酷刑——许多老人的心脏和血液循环在高温面前不堪重负。他们倒在了街上或家中。巴黎的殡仪馆"尸满为患"，以至于朗吉斯批发市场的一个冷藏食品仓库被改建成了太平间。[1]法国研究人员估计，那年夏天，欧洲的死亡人数比往年增加了7万人。[2]这是欧洲大陆曾经发生过的最可怕的自然灾害之一，给欧洲人敲响了警钟：热浪也可能成"杀手"。

2006年夏天，法国为下一次欧洲热浪做了更充分的准备。当局提醒民众不要晒太阳，要多喝水。他们还让那些家中温度过高的市民进入公共建筑避暑。欧洲似乎在某种程度上对如何应对热浪的状况有了一些把握。

也许关于热浪最令人惊讶的事情是一个乍看起来平平无奇的认知：气候变化对世界各地温度的影响完全不同，这取决于你所在的地方。在同一场热浪中，也体现出了这种不同。

举个例子：在气象方面，2017年6月，欧洲大部分地区处于大规模的静止状态的高压区。伦敦希思罗机场和德国巴伐利亚州基钦根的高温纪录被打破。受高温影响，猛烈的森林大火在整个葡萄牙蔓延。当然，各国的绝对温度不同：巴黎37℃的高温没有打破2003年创下的纪录，而6月21日绝对是英国40多年来最热的一天，气温达到了34.5℃。

当然，即使有高温纪录，一个天气事件的极端程度也取决于历史纪录是被打破了1℃还是0.1℃。对比利时来说，受气候变化的影响，每10年就可能会出现一次热浪，[3] 但对西班牙来说，每80年才会出现一次。相应地，气候变化使比利时出现热浪的概率至少翻了两番，在西班牙至少增加了一个数量级。换句话说，在西班牙，这样的热浪，即6月均温22.7℃的天气，是超出此前西班牙人的预期范围的。但突然间，它变成了一种现实的可能性，尽管是一种极端的可能性。而在比利时，这种以前人们认为的极端天气事件，即6月均温18.1℃的天气，现已成为新的夏季常态。

揭示这些差异当然不会登上新闻头条，而且可能看起来非常学术化。但正是这些差异将作为黄金度假期的美好夏天与可怕的自然灾害区分开来。当气候变化极大地改变了这种自然灾害发生的概率时，一个国家就必须从头开始制订规划。

我们的研究揭示出，在气候变化面前，人类变得多么脆弱。然而，在世界其他地区，社会对热浪的准备还远远不够。例如，2015 年，印度安得拉邦酷热难耐，气温高达 48℃，导致 1800 多人死亡，这些人主要生活在既没有空调也没有树木遮阴的贫民窟。[4] 我们发现，受气候变化影响，这样的热浪在那里出现的概率大约是在欧洲的两倍。

极端降雨

世界正变得越来越热，这不仅意味着世界各地出现热浪的风险正在增加（尽管程度因地区而异），而且意味着平均气温在上升。温暖的大气可以容纳更多的水蒸气。根据经验法则：如果地球气温上升 1℃，降雨量会平均增加 7%。鲁道夫·克劳修斯（Rudolf Clausius）和伯努瓦·保罗·埃米尔·克拉佩龙（Benoît Paul Émile Clapeyron）早在 19 世纪下半叶就发现了这种关联性。

但我们感兴趣的是：这对个案意味着什么？其他因素是否也起了作用？

2015 年圣尼古拉斯日，英国下了一场雨。当然，这本身并不是什么新闻，但雨下得很大。原因是风暴"德斯蒙德"正在英国蔓延。我们发现，气候变化使极端降雨发生的概率增加了5%~80%。这个不确定性的区间听起来比较宽，但其实不然：因为这个区间的下限大于零，所以气候变化无疑使这一天气事件更有可能发生。而上限没有翻倍，否则就会是100%。因此，如果"德斯蒙德"这样的天气事件曾经发生的概率是百年一遇，那么此后便是"七十年一遇"。这意味着它会更加频繁地发生，但仍然是非常罕见的极端天气事件。从统计学上讲，这样的降雨在每个英国人的一生中只会发生一次。

即使在我们的纬度地区，许多极端降雨事件也是由气候变化引起的，尽管其极端程度比热浪低得多。任何在洪泛区建造房屋的人都会面临地下室进水的更高风险，这比气候变化所增加的风险要大得多。

我们的研究表明，如果地区相近，季节相仿，极端降雨的结果几乎没有差别。因此，反复讨论针对个别案例的研究似乎是多余的。但偏偏媒体总是对各种强降雨感兴趣。

当我们的目光移向亚热带地区时，情况变得更加有趣了，例如路易斯安那州。2016年8月，这个位于美国东海岸的州遭受了历史上最严重的暴雨袭击，约有10万间房屋受损，13人在洪水中丧生。

通过一项归因研究，我们能够证明，由于气候变化，降雨强度至少增加了10%，超过了用克劳修斯-克拉佩龙方程*计算出的7%。这意味着不仅全球变暖发挥了作用，大气环流的变化也在发挥作用。因此，除了全球变暖之外，还有更多的天气现象也会带来降雨。

在亚热带降雨中，气候变化所起的作用更为明显。我们发现，全球变暖使路易斯安那州降雨的概率增加了大约一倍。再进一步分析的话，我们甚至不排除气候变化将使这种强降雨发生的概率增加九倍。这些结果更容易让人联想到热浪，而不是相对温和的欧洲冬季降雨。

消失的寒潮

气候变化也在另一种天气现象中留下了戏剧性的印记，尽管其后果很严重，但却很难成为头条新闻：寒潮消失了。人们只有在天气真的很冷时才会谈论寒冷。

与此同时，人们越来越关注这样一个事实，由于气候变化，我们的冬天变得越来越温和，霜冻天气越来越少，就像2011年11月英国的那个冬天一样。

这是我们在牛津开展的首批研究项目之一。尽管从方法论上

---

* 克劳修斯-克拉佩龙方程（Clausius-Clapeyron relation）是用于描述单组分系统在相平衡时压强随温度的变化率的方法，以鲁道夫·克劳修斯和埃米尔·克拉佩龙命名。——译者注

看，这项研究或许还有点儿站不住脚，但研究结果很明确，也经得起更好的分析：由于气候变化，我们的世界大约每 20 年就会出现一次像 2011 年那样没有夜间霜冻的 11 月。如果没有发生气候变化，这种情况每 1250 年才会发生一次。[5]

没有夜间霜冻的 11 月，听起来只是一个相当无聊的新闻事件。但是，如果整个冬天都没有霜冻，后果会很严重。引人担忧的不仅是发生在春夏两季蚊虫叮咬增多的可能性，因为与"通常寒冷"的冬季相比，死亡的昆虫更少了，寄生虫也更频繁地出现，侵扰牲畜以及谷物、水果和蔬菜。为了控制这个局面，农民会在田野和耕地里使用更多的杀虫剂。更让人忧心的是：许多农作物在霜冻后才会发芽和开花。如果没有霜冻，那就什么都不会发生了。

即使在美国共和党主导的地区，气候变化也在以这种方式让人们感受到它对天气变化的影响。然而，可能要再经历几次霜冻消失不见的情况，大家才会真正意识到，这也许跟运气不好没什么关系，也不是天气的自然变化。[6]

2017 年冬天，靠近加拿大边境的美国小镇国际瀑布城几乎被冰封了，测量温度低到了零下 38℃。当地居民称，那种寒冷的感觉就像是在灼烧他们的皮肤。

正在佛罗里达州度假的美国总统唐纳德·特朗普在 24℃ 的天气里评论了这次寒流："在东部，这可能是有史以来最冷的除夕。也许我们可以对那种古老的美好的温室效应稍加利用。我们的国家与其他国家不同，我们不得不支付数十亿美元来防范它。

大家都穿得暖和点吧！"[7]

我们的世界天气归因组织分析了这次寒潮，同时也分析了2017年1月发生在欧洲东南部的寒潮。在这两个案例中，气候变化都降低了寒潮发生的概率。如果没有发生气候变化，在同样的条件下，天气会更加寒冷。而由于全球变暖，出现这样的结果并不令人惊讶。

然而，也有一种说法认为，寒潮正变得越来越频繁，特别是在美国。其背后的想法是：随着北极海洋冰层的消退，极地涡旋也随之减弱。极地涡旋是冬季在北极上空的一个稳定的天气系统，它将极地空气与其他环流分开。到一定时候，这个系统就会崩溃，极地冷空气就会向南渗透，冰冷的寒潮会蔓延到各大洲。

科学家已经能够在气候模型中模拟这种效应。然而，观测数据中没有证据表明这种现象在某种程度上会更加频繁地发生，甚至足以抵消全球变暖的影响。这个例子告诉我们，现在科学界实际上每天都发生着各种各样的大讨论。我们的认知正在改变和扩展。结果尚无定论。不过，就个人而言，我确实期待更温暖的冬天。

自我中和的气候变化

有时，天气事件的发生确实有气候变化的因素，但它隐藏了自己的面貌，那是因为，它使自己的影响抵消了，即所谓"气候中和"。

　　干旱就是一个很好的例子。人们可能会认为，随着极端降雨量的增加，世界上的干旱将会减少。但干旱不仅仅是缺乏降雨的问题。至少在气候潮湿的地区，降雨量是超过蒸发量的。在这里，蒸发与降雨一样重要。全球变暖导致降雨量增加，但同时也有更多的水分蒸发了。根据这两种影响中的哪一种更强，就能判断干旱发生的概率是增加还是减少了。

　　然而，也有可能因为这两种影响同样巨大，发生干旱风险的概率根本没有变化。这正是我们研究 2014 年巴西圣保罗地区干旱后的发现。这是一项相对较早的研究，但它使用的研究方法确实很好。我们分别研究了在气象学上构成干旱的两个最重要的因素：降雨量和蒸发量。由于气候变化，降雨的风险增加，但蒸发量也同时增加。如果将这两个变量合并考虑，来看干旱发生的实际风险，就会发现这两种影响是相互抵消的。至少 2014 年发生在圣保罗的事情就是这样。因此，这场天气事件中隐藏着很多气候变化的因素，但该地区发生干旱风险的概率并没有改变。

　　我们的研究更进了一步：我们分析了用水量。在干旱发生之前的几年里，用水量呈指数级增长。因此，与 10 年前相比，今天发生的干旱影响要大得多，而其影响的程度与气候变化毫不相关。换句话说，在今天看来只是由气候变化引发的普通天气事件，可能会因规划方面的疏漏或资源的不合理配置而演变成一场大灾难。

　　2013 年的易北河洪水是另一个例子。这也是一场包含了气

第五章　热浪、强降雨及其他

83

候变化的因素但不影响事件风险走向的天气事件。更准确地说，这是一场由 2013 年 5 月和 6 月的降雨引发的发生在易北河和多瑙河上游的严重洪灾。尽管热力学理论表明，这种天气现象会有所增加，但（基于统计学的）观测数据和（基于物理学的）模型模拟都得出结论：洪灾发生的概率没有改变。因此，低气压区域动态变化的频率应该与热力学的信号相互抵消了。

当然，随着气温上升，气候也在继续变化，这种平衡可能会在某个时刻被打破。翻阅关于易北河洪水的相对较早的研究，我们还没有看到这一点。但在关于圣保罗干旱的研究中，特别是所有最近的相关研究中，情况确实如此。对圣保罗来说，可以预测的是，即使全球升温 2℃，上文所述的平衡，即气候变化的自我中和，也将得以保持。

最大的未知数：冰雹、龙卷风及其他

如果我们有完美的模型和天气记录，可以驱动各种天气系统和天气事件的所有变量，那么本章就可以在这里结束了。遗憾的是，情况并非如此。对于某些类型或级别的极端天气事件，我们尚无法提供可靠的结论，它们包括：冰雹、龙卷风（例如 2018 年 5 月横扫德国的龙卷风），以及其他发生在很小的空间尺度内以至于无法在标准气候模型中模拟的天气事件。我们甚至没有关于冰雹的观测数据，所以也无法了解在何时何地，以及有多少冰粒砸向了地面。

我们在研究过程中才发现，对于其他天气事件，没有一个气候模型能提供可靠的模拟结果。我们也无法回答，某一特定天气事件中隐含了多少气候变化的因素。特别是在世界上一些地区，在较小的空间尺度内可能存在截然不同的天气状况，例如在山区，对此我们的气候模型仍然有很多不足之处。同样，在模型中，要在正确的时间和正确的地点模拟季风雨的循环也是非常困难的。

但无论是在专业文献还是普通媒体中，人们都不会读到此类天气事件。"我们尝试过，但失败了"根本不是一个好故事。如果事实证明，在一个天气事件中，气候变化所起的作用很小，抑或根本起不到任何作用，那么这个天气事件很难成为头条新闻。因缺乏必要的数据和模型支撑而未能完成的研究，则更难吸引人们的注意力。这是可以理解的，但它扭曲了公众对气候变化的看法。

媒体关注的是那些气候变化明显发挥了作用而且是重要作用的研究。这给人们造成的印象是：气候变化正在使一切变得更糟。这句话对于某些情况来说是没错的，但有时却不是，例如巴西的干旱就表明了这一点。有时候，把气候变化塑造成一个强大的、压倒一切其他因素的罪魁祸首也是相当"方便"的。

至少同样难以解释的是，根据观测数据，一些天气事件发生的概率越来越大，而模型模拟检测到的概率没有发生变化，甚至是降低的。有时，这是因为模型没有真实地模拟重要的过程。当我们发现这一点时，我们可以剔除这些模型。但在另外一些案例中，尽管模型与天气数据不一致，但还是通过了所有测试。这时，我们就遇到了麻烦。

当人的因素成为气候变化的反作用力时

还有一些情况是，气候变化确实发挥了相当大的作用，但它对天气的影响被人类自己的影响抵消了。这就是发生在印度西北部珀洛迪的情况：2016 年 5 月 19 日，珀洛迪测得的气温超过了 51℃，打破了当地的历史纪录。[8] 我们和德里的同事进行了一项研究，发现发生这种天气事件的概率并没有增加。

乍一看，这似乎令人惊讶，因为印度的平均气温也在上升。有许多原因可以解释这一结果：今天，该地区灌溉农田的用水量比过去多得多，这使得空气变得更加潮湿和凉爽。

此外，各种颗粒物对空气的污染非常严重。这些颗粒物会反射阳光，冷却空气。由于气候模型很难再现辐射和纳米粒子之间的这种相互作用，因此这一理论很难得到检验。但人们确实应该认真考虑这一点。因为如果颗粒物确实掩盖了气候变化的影响，那么在未来的某个时候，如果空气污染得到改善，最高气温将大幅上升。还有一些例子可以证明这一点：苏联的工业在 20 世纪 90 年代初突然停止后，欧洲的最高气温急剧上升，空气更加清新。这并不是为空气污染辩护：空气污染造成的死亡人数远远多于高温造成的死亡人数。

印度发生干旱的概率没有增加——这样的结果也可以用这种方式来解释：气候变化尚未发挥主要作用，因为人类活动掩盖了它。但在不久的将来，气候变化的影响可能会变得更加明显。

对未来的展望

归因研究始终只是一个瞬间抓拍。在大多数研究中，这足以分析和识别出气候变化的影响。但在某些案例中，比如印度的热浪，对于不远的将来的模拟更有意义。因为无论今天是什么现象在抵消气候变化的影响，随着时间的推移，它都很可能被后者大大掩盖。

当然，我们用来计算天气如何因气候变化而变化的方法不仅适用于过去。我们不仅可以将现实世界与没有发生气候变化的世界进行比较，而且可以将当今世界与未来的世界进行比较，即模拟地球升温 1.5℃、2℃，甚至 3℃、4℃、5℃时的天气情况。

预测未来也是检查归因结果的一个重要方法。如果我们已经确定了气候变化的明确作用，而气候模型预测未来会发生类似但是更强的影响时，这将增加我们发声的信心。但是，如果气候模型预测显示出完全不同的趋势，就表明我们对这件事的理解可能比我们想象的要少得多。将我们的研究结果放在长期预测的背景下，将提高我们研究的实用性。如果我们知道气候变化起了重要作用，而极端天气的产生不只是倒霉的"厄运"，那么政治家或防灾组织就可以为此做好准备。

如果说气候变化是在掷骰子，而这对天气的影响很小或根本没有，那么政府和城市规划者就应当掌握降低风险的主动权。

第 15 日

2017 年 9 月 8 日上午，我在牛津的办公室里打开了一封来自海尔特·扬的电子邮件，标题简洁明了：昨天电话的最新情况。它包含了对"'哈维'降雨的背后隐藏着多少气候变化因素"这个问题的答案。

得出的结果是：在我们迄今为止研究过的所有极端降雨事件中，这场风暴带有最明显的气候变化特征。气候变化使这种强降雨发生的概率增加了两倍左右。这是对当今气候的模拟和对没有气候变化世界的模拟进行统计比较的结果。

换句话说，如果没有气候变化，这样的大洪水将更加罕见。9000 年一遇，说明它仍然是极不可能发生的天气事件。然而，随着全球变暖，气温每上升 1℃，像"哈维"导致的那种降雨发生的概率就会增加两倍，因此到一定时候，那种数百代人里可能只有一代人经历过的天气事件将成为在人类规划中——至少在长期规划中，必须被考虑在内的天气事件。

我从一开始就很清楚，我们得出的结果不会是一个数字，而会是一个范围。因此，我们预测的最好结果是："哈维"发生的概率至少会增加1~3倍，但即使增加到10倍，也不是不可能的。

这个结论并不完全是新的，我们在对"哈维"进行归因的时候已经用天气数据计算过了。但我们可以将其与海尔特·扬和卡琳的模拟模型进行比较。比较的结果显示出的概率比观测数据测算出的概率略低——尽管是在不确定的范围内。因此，尽管结果不尽相同，但的确有重合。

到目前为止，它只是一个模型。对于美国的模型，我们只有路易斯安那州前一年的数据，没有休斯敦的数据。令人郁闷的是，墨西哥服务器上的模型要花很长时间才能到达我们用来分析它的服务器上。所以我们还需要几天时间来使用其他模型进行研究。因此，如果按照我们已经设定的高标准来要求的话，这个结果更像是临时性的。但从原则上说，这个结果已经非常可靠了，它与前一年的研究结果也非常相似。

我对这个结果不再感到惊讶。与我们几乎所有的研究结果一样，这个结果不是什么"平地惊雷"，而是逐渐显现的。但是，当所有的碎片最终像拼图一样被拼在一起时，你还是会有一种由衷的满足感。

现在的问题是：我们应该立即还是暂缓公布这个结果？其实，前者并不符合我们自己设定的标准。在我看来，毕竟到目前为止，我们只计算了一个模型而已。

团队中的其他人指出，观测数据和模型是一致的，都反映了我们对物理学的期望，所以没有出现什么惊喜。而我们此前发现的情况，哪怕没有具体数字，只是趋势性分析，也基本都已经公开了。现在我们有了具体的数据，在"哈维"还没有完全退出媒体的视线之前，我们公布结果的压力越来越大。

但是，这正是从一场新的飓风在大西洋上空开始其破坏性的路径以来所出现的情况。它吸引了所有人的注意力。我们谈论的是飓风"厄玛"，它自9月5日以来以每小时300千米的速度席卷了加勒比海的巴布达岛，并留下了一个惨不忍睹的现场。几乎所有的建筑物被摧毁，所有1800名岛民不得不迁往邻近的安提瓜岛，留下的只有狗、猫、驴和猪。从那时起，它们就被遗弃了，一直在废墟上游荡，忍饥挨饿。[9]

在理想情况下，我们现在应该有了关于"哈维"和"厄玛"的答案。但是，这意味着要组织一个更大的科研团队，而且他们必须完全专注于归因研究。

我们陷入了真正的两难境地。我还没有找到出路。我们完成最快的研究是针对英国风暴"德斯蒙德"的——只用了五天时间。在那五天里，我们没有碰任何其他的事情。在2018年北欧的热浪出现之前，我们从未打破这个纪录——那是个不太复杂的极端天气事件，我们有例行的应对程序做好充足准备。因此，要回答两次飓风的归因问题，要么需要大量时间和大量人员，要么至少需要对该天气事件有丰富的经验和大量人员。从长远来看，这个问题是可以被解决的，但从短期来看，这对我们来说是一个非常严峻的局面。

我们是否能够继续等下去？最后，加州大学伯克利分校的一位同事帮我们解决了这个问题。气候学家迈克尔·韦纳告诉我们，他也在进行一项归因研究，但它完全基于观测数据，更像是一项探索性研究，而且他刚刚把它寄给一本科学期刊。我们并不感到惊讶，因为迈克尔和他的团队长期以来一直在研究飓风，而且他从一开始就坚信，实时归因研究对于宣传气候变化的影响非常重要，尤其是在美国。从科学的角度来看，多一项相关的研究是很好的，因为这意味着更多的数据、更多的研究方法以及独立的科学家——所有这些都增加了我们对研究结果的信心。然而，从传播的角度来看，不同的研究方法意味着会产生不同的数据，尤其在缺少必要的归因步骤时——这未必是个好消息。即使这些数据只是略有不同，我们也很难加以解释。

只分析观测数据，确实可以确定一个天气事件发生的概率是否发生了变化，但无法确定是气候变化还是其他一些驱动因素导致了这种变化。因此，它并不是归因研究。的确，迈克尔也没有声称这一点。但非专业人士对于这个关键的区别不一定很清楚。后来，媒体将这项研究称为"归因研究"。迈克尔知道这一点，我们也知道，这就是他告知我们的原因。

迈克尔的研究将通过同行评议程序。因此，实际上我们别无选择，只能选择经历同样漫长的同行评议过程。毕竟，对我们来说，确保没有人能让我们这些科学家针锋相对，比尽快公布结论更重要。我们也继续坚持自己的标准：不对新的天气事件类型进行实时归因研究。

然而，我们之中没有一个人对这个决定真正满意。毕竟我们已经有了研究结果，虽然严格来说，这是一类新的天气事件，但它与热带低气压相关的暴雨（如在路易斯安那州）和与飓风（"哈维"）相关的暴雨并没有多大区别。

我们必须为我们的不情愿付出高昂的代价：让那些议程不受事实和数据驱动的人至少再等一个月，并且等到没人再对它感兴趣时再公布结论。"哈维"对美国来说是一场灾难，我迄今乃至今后也会深信不疑，它在很长一段时间内是不会被遗忘的。

此外，美国目前的氛围非常反科学，充斥着"被替代的真相"，我们必须更加捍卫我们发现的真相。这需要我们比平时付出更多的努力，因为飓风对我们来说是新的领域。今日的美国与2016年我们调查路易斯安那州洪水时的那个美国相比，已经是一个完全不同的国家了。

气候变化让"哈维"更有可能发生——不管是三次还是四次——这一事实引起了诸多问题，可能会让华盛顿、奥斯汀和休斯敦的当权者感到非常不安。

第二部分

后果：
归因科学的力量

第六章

失败的城市规划：
气候变化如何报复轻敌的人类

飓风"哈维"将休斯敦市淹没数日，夺走了 83 条生命，造成了 1250 亿美元的损失，比美国以往任何一次飓风都要严重。[1]"哈维"发生的前一年，迈克尔·塔尔博特接受了一次引人注目的采访。这位长期负责哈里斯县（包括休斯敦在内）防洪工作的主管在即将退休之前，再次接受了《得克萨斯州论坛报》记者的采访。当被问及他的机构是否将气候变化纳入休斯敦保卫计划时，塔尔博特说："如果有人能告诉我，什么是气候变化，我会很高兴。"他继续说："能不能给我一个数字，一个能让我替换历史数据的数字？"[2]

根据这位机构负责人的说法，气候变化从未成为被他们特别讨论的议题。他认为，强降雨绝对不会成为"新的常态"。塔尔博特在采访中指责科学和环境领域的这些专家的环保促进议程"在许多情况下违背了人类的常识"。他的结论是："这些人是经济增长的反对者。"

没人能指责塔尔博特渎职，他并没有冷漠地将美国第四大城市弃于洪水之中。在防洪办公室工作的 35 年中，他致力于通过拓宽运河及其支流来更好地保护休斯敦。然而，他拒绝采取更严厉的措施，例如遏制无节制的城市扩容，以及增加更多的洪泛区。[3]

休斯敦不愧为"无边界之城"：1995—2015 年，它的人口增长了 1/4，达到 220 万。休斯敦是美国唯一一个没有实施区划法的城市，所以任何人都可以在他们中意的地方或多或少地建点儿什么。这也赢得了当地选民广泛的投票支持。新建筑甚至被建在了洪泛区——那些本应像海绵一样吸收洪水的土地上。

2017 年 8 月底，"哈维"带着巨大的降雨来到休斯敦，进行了报复。陆军工程兵团决定将城市西部的一个区域管控起来，让洪水涌入这个地方，以防止另外两个水库溃决给市中心带来更大的灾难。该地区实际上被设计为防洪区，但由于像"哈维"这样的飓风造成的极端降雨被认为是百年一遇的天气事件，防洪区的功能也就荒废了，甚至有部分区域被盖上了房屋。[4]

洪水在夜间涌来，水量巨大，顷刻间，街道和房屋被淹没，许多居民来不及做任何准备。据报道，有些老年人醒来时以为自己躺在水床上。[5]

当天被淹没的包括该市最富有的街区之一，英国石油公司、壳牌和埃克森美孚等石油公司的许多员工都住在这里——这些公司的商业模式增加了"哈维"引发的降雨量。

防洪专家还批评说，排水系统的设计并不适合大规模的暴风雨。[6] 专家表示，尽管更好的城市规划不能防止"哈维"造成重大损失，但至少可以大大减少损失。

"对于城市开发而言，休斯敦是狂野的西部，任何关于监管的提议都会引起人们的敌对反应，他们认为这是对财产权的侵犯，是对经济增长的威胁。"得克萨斯州海滩和海岸中心主任山姆·布罗迪告诉《华盛顿邮报》[7]，"雨洪系统从来都不是为了应对比夏季午后暴雨更严重的天气事件而设计的。"

因此，休斯敦代表了美国的一种态度。这种态度由保守主义运动倡议发起，反对各种法规，一直渗透到白宫里面。例如，特朗普政府拒绝支持环境保护，认为它是反商业的，甚至将这个词从政府文件中删除，仿佛人类面临的最大环境问题之一可以这样被简单地忽略。

所以，迈克尔·塔尔博特并不孤单。城市规划者根本没有意识到气候变化所带来的新挑战。

人类在制订规划时，几乎不管谁在规划什么，以及规划的规模有多大，都要对风险和成本进行评估。他们还必须知道人们已经为应对哪些风险做好了准备。但要做到这一点，他们首先需要知道人们实际面临的风险是什么。如果规划者决定只为他们的城市配备能应对百年一遇的灾难的条件，并将所有发生概率更低的极端天气事件视为人类无力抵御的自然灾害，是合情合理的。但人们至少应该知道所谓百年一遇的天气事件是什么样子的。至少休斯敦的历史数据已经过时了。

我们的世界天气归因组织能够证明，气候变化使"哈维"

引发的降雨的概率大大增加，并对其进行了数据上的统计。塔尔博特关于气候变化无法计算的说法是错误的。它是可以被计算出来的。

我们关于"哈维"的研究报告于 2017 年 12 月 14 日发表。新闻发布会是在新奥尔良会议中心一间没有窗户的闷热房间里举行的。当时，美国地球物理联盟正在这里召开世界上最大的气候研究会议。卡琳代表世界天气归因组织坐在讲台上，旁边是迈克尔·韦纳，他手中也有一份关于"哈维"的研究报告。由于这是卡琳第一次参加新闻发布会，她很紧张，但没有表现出来。她按惯例总结了我们的研究结果：气候变化使休斯敦的降雨强度明显增加。2017 年夏天，休斯敦三天内的降雨量超过 1000 毫米，如果没有发生气候变化，相关的降雨量将减少 12%~22%。因此，气候变化是造成明显差异的原因。即使没有发生气候变化，"哈维"也可能会对这座美国大都市造成毁灭性的破坏。

其他几个完全独立的科学家团队对"哈维"进行了另外三项研究。[8] 他们使用非常不同的方法得出了类似的结论。这是科学的胜利，尤其是对我们来说，因为它表明世界天气归因组织的人不是什么孤独的怪人，而是知道自己在做什么的科学家。

像"哈维"这样的极端降雨事件不仅变得更加严重，而且更加频繁。由于气候变化，像 2017 年 8 月休斯敦这种暴雨发生的概率大约增加了两倍——增加的幅度超过了我们基于大气层变暖和由此带来的降雨量增加之间的关联所计算出的结果。

"哈维"仍然是一个极其罕见的极端天气事件。尽管如此，

愤怒的天气

它也应该引发城市规划者的深思。这不仅仅是因为全球每升温1℃，发生这一天气事件的概率就会增加，而且意味着在遥远的未来的某个时刻，"哈维"可能就不是什么罕见的天气事件了。

从"哈维"身上可以看到一个更直接的危险。为了证明这一点，我必须从1891年出生于慕尼黑的一位政治评论家和激进的和平主义人士说起。埃米尔·朱利叶斯·贡贝尔，魏玛共和国的坚定捍卫者，凭借其在统计学方面的成就以数学家的身份闻名于世。描述统计特性的所谓贡贝尔分布就是以他的名字命名的。我们发现，世界多地的强降雨，包括休斯敦的这场降雨，也遵循这一分布规律。例如，与极端气温相比，无论休斯敦的强降雨作为极端天气发生的概率是多少，其结果是一样的——不管这一天气事件有多么罕见。这意味着，如果一个千年一遇的天气事件发生的概率增加了两倍，那么对于一个百年一遇的天气事件而言同样如此（只是第一种情况的不确定性更大，因为能找到的数据要少得多）。因此，在一个没有气候变化的世界中，日均105毫米的降雨量可能是百年一遇的，但在当下世界已变成了30年一遇。尽管降雨量达不到"哈维"的强度（日均355毫米），但其威力足以引发一场灾难。

1000多家媒体报道了我们的研究，例如，《华盛顿邮报》和《纽约时报》都发表了既翔实又有见地的报道。甚至布赖特巴特新闻网站（Breitbart News）也引用了卡琳的话，她对于气候变化是否增加了"哈维"这种天气事件发生的概率这一问题给出了响亮的肯定回答。[9]所有这些关注正在提高公众和政治界的认识，即气候变化是一个现实，并且此时此地正在发生。

当然，休斯敦的城市规划者和决策者本可以在"哈维"出现之前就应用我们这样的研究。事实上，多年前就不乏警告的声音，即气候变化正在增加城市和周边地区的降雨强度。[10] 人们也本应对 1998 年以来袭击休斯敦的一连串热带风暴感到担忧。在"哈维"出现之前的几年间——仅在 1998—2002 年，这座大都市及周边地区的数百名房主就因三场热带风暴造成的洪灾损失而提起诉讼，要求赔偿。当时，法院驳回了大多数诉讼请求，并指出，甚至连房主自己都认为洪水是由多种原因造成的，比如"神意"。[11]

在塔尔博特及其继任者的领导下，气候变化的最新发展根本没有被纳入城市规划的考虑范畴。人们对于百年一遇的天气事件的测算方法仍基于 20 世纪中叶的数据，当时全球平均气温仅上升了 0.1℃ ~0.5℃。

等待灾难发生

休斯敦不是孤例。在这个新千年里，飓风造成了创纪录的破坏，人们寄希望于美国的城市和联邦州会根据气候预报来采取更有力的防洪措施。但事实上，通常是灾难发生后，这个希望才有可能变成现实。在纽约，飓风"桑迪"过后，医院的应急发电机才从地下室被转移到较高的楼层。而北卡罗来纳州也存在同样的情况。

该州海岸线漫长，地势低洼，特别容易受到飓风的袭击。几年前，该州的海岸管理委员会制定了一个最坏的预测方案，预计在 21 世纪，海平面将上升一米。政客们的反应不一，但都与预期不同。2012 年，共和党占主导地位的议会通过了一项法律，禁止根据此类预测制定政策。[12]

原因是：建筑承包商担心他们的不动产和土地价值会急剧下降，进而保险费会增加。决策者没有为应对海平面上升的最坏情况采取任何措施，而是决定基于历史数据大幅降低风险评级。这种情况在新州长罗伊·库珀上台后也没有什么变化，尽管他加入了致力于实现《巴黎协定》目标的美国各州联盟。"相反，沿海地区的开发速度加快，越来越多的海滩建筑、高速公路和桥梁拔地而起，以方便人们亲近我们美丽的海滩。"沿海地质学家奥林·皮尔基（Orrin Pilkey）在地方日报《新闻与观察家》[13] 中写道，"如今，城市规划有一条不成文的规矩，那就是等待，直到情况出现灾难性的变化，再做出反应。"

没过多久，灾难性的情况就发生了：2018 年 9 月中旬，热带风暴"弗洛伦斯"来袭。与南卡罗来纳州和弗吉尼亚州一样，北卡罗来纳州大部分地区被洪水淹没。数十人在洪水中丧生，专家估计损失超过 170 亿美元。[14]

如果每位城市规划者都能始终意识到所有可能发生的风险，就没有必要进行归因研究了。他们会知道哪些属于关键性事件，并参考气候模拟和天气记录制定政策。但大多数人只有在事情发生后才会考虑到风险问题，进而意识到自身的脆弱性。气候变化只有在影响到人们自身的利益时才会引人注意。而对于大多数人来说，个人利益有其时间和地点方面的局限性。当然，极端天气一直存在，只有当我们对其进行归因研究时，人们才不再将灾难简单地视为"不幸"。

欧洲也不例外。正如前面提到的 2003 年创纪录的欧洲热浪出现时，医院和政府都准备不充分。鉴于受灾者众多，人们对于它只是一次天气事件还是受气候变化影响的问题已经无法回避。一年后，首次归因研究[15]提供了答案：由于气候变化，这种热浪出现的概率增加了一倍。这样的夏天，已经成为一种气候，会持续存在。

事实上，自此以后，欧洲已经适应了热浪。2006 年，当强度相似的热浪席卷法国时，死亡人数明显少于三年前。尽管政府的反应更多是对 2003 年受灾者人数的震惊，而不是基于归因研究，但当这一研究结果在 2004 年公布时，至少在欧洲引发了一场基于具体数据的关于气候变化和热浪的大讨论。这至少使人们对于居安思危、做好准备的必要性有了更深刻的认识。例如，英国国家医疗服务体系（NHS）自 2004 年以来一直推行热浪计划，该计划在《序言》中使用了归因研究中的数据。

气候变化的无常令人惊讶

荷兰的例子表明，仅仅更新一次规划是不够的。它必须被不断调整，以适应无常的气候变化。自 2003 年以来，荷兰政府一直在提醒民众，6 月至 8 月的夏季很热，应充足饮水，避免阳光直射，如果卧室里太热，不要犹豫，可以直接睡在沙发上。在这几个月里，这些提醒和措施使高温受害者的数量得到控制。

但 2016 年 9 月，在阿姆斯特丹和乌得勒支等城市，高温持续了整整一周，无论是白天还是夜晚，气温都没有变化。医院里突然挤满了脱水的老人。这是怎么回事？自 2003 年至今，我们难道还没有吸取教训吗？

负责热浪问题的机构已经学到了一些东西。然而，他们只为气象学意义上的夏季做好了计划。在 8 月结束后，他们认为不再有任何热浪出现的风险，因此根本没有针对 9 月的专门计划。9 月的高温天气是一个警钟，也是一个教训——不要根据日历，而要根据实际气温来定义高温。荷兰皇家气象研究所的同事海尔特·扬进行的一项归因研究再次强调了荷兰应对这一问题的紧迫性。

如果你想让你的城市为未来变化无常的天气做好准备，就必须确切地知道气候变化是如何发挥影响的。对于气候变化，你既不能忽视或不重视，也不能高估，否则都可能遭到它的报复。

2018 年夏天，美国研究人员在《自然气候变化》杂志上描述了极端天气事件后盲目的激进主义将导致的后果。[16] 他们描述了一些案例。在这些案例中，局限于短期和较小区域内的措施从长远来看可能会产生适得其反的效果。比如，洪水过后立即修复堤坝，但其实这些堤坝的高度必须重新调整，否则水管理系统根本不起作用。或者，城市、社区在沙袋上投入大量资金，但这些地方发生洪水的概率极低，而发生干旱等其他类型天气事件的概率更高——这些天气事件却又被完全忽视了。

正如专家所说，归因研究本身并不是对抗激进主义和投机主义的灵丹妙药。如果将其视为适应措施，那么它要么是多余的，要么在长期内会增加而不是减少脆弱性。然而，在极端天气事件发生后不久就开展归因研究，可以帮助规划者更好地评估实际风险，计算该天气事件在当今气候下发生的概率，然后评估其发生的概率是否较此前已发生改变。如果改变已经发生，那么这个改变有多大，以及近期还将发生多大的变化等。一个堤坝将在千年一遇的天气事件中坍塌，还是在预期经常发生的天气事件中坍塌，决定了我们所采取的措施是完全不同的。同样，一个天气事件发生的概率是下降而不是上升时，我们的应对方式也是不同的。

毫无疑问，归因研究是必要的。然而，到目前为止，各国政府很少利用它来制定适当措施，以应对气候变化的影响。也许我们这个领域还太年轻，就像今天的科学家如果能够快速提供信息，就会显得相当不正常。如果我们能将我们的工作带入公民和决策者的脑中，使他们对此习以为常，对于我们而言才是更大的成功。也许这比预期的要快。

我们的目标：建立一支常设的欧洲归因研究团队

2017 年 10 月，来自欧洲各地的气象部门代表和我们这个领域的科学家在位于布拉格老城的捷克交通部地下室会面。我们的目标是，建立一支常设的欧洲归因研究团队，检查气候变化对每一次极端天气事件的影响。

会议由欧盟机构"哥白尼气候变化服务"（Copernicus Climate Change Service）组织。该欧洲气候服务机构代表欧盟委员会和各成员国政府，对气候状况进行预测，并就欧洲国家如何适应气候提出建议。在布拉格的这间地下室里，大家原本应当首先弄清楚组建一支欧洲归因团队的必要性。但是，会议开始没多久，讨论就转向了何时组建以及如何运作它。

在理想情况下，它将很快被组建起来。这支服务团队只做一件事：在天气事件发生的几天内调查其发生的原因——即使它发生在公共假期内。确切地说：从气候变化在欧洲天气中留下的"指纹"上找到最直接的答案。

早期阶段的研究将不可避免地局限于热浪、寒潮和大范围的极端降雨。对于飓风、干旱和雷暴，我们必须在方法上积累更多的经验，设计更好的模型，甚至开发全新的方法。然而，从长远来看，归因研究的终极目标是成为常规科学，并成为政府和相关部门起草规划时需要例行考量的一部分。

各国的气象部门已经开始着手研究我们的工作了。由于我们证明了归因研究的有效性，他们在每次极端天气事件后都会接到记者的电话，询问气候变化在其中的影响——他们通常不得不绕过这个问题，顶多谈论一下它在全球的进展。而且，我们也可以分析个别干旱或洪水对气候变化的影响。但由于我们的团队规模较小，只能分析相对较少的天气事件，因此，气象部门的资源和我们的专业知识可以很好地互补。

2018 年 1 月，我访问了位于奥芬巴赫的德国气象局（DWD）。我们讨论了德国气象局应如何开始对德国进行归因研究。对于习惯于自己做所有决定且一直在一支 2~5 人团队中工作的我来说，面对这样一个庞大的权威机构，是相当大的文化冲击。尽管如此，我们还是相向而行。德国气象局正在计划建立一支可在几天内将个别天气事件归因于气候变化的小型团队，它将成为全球第一个这样做的气象服务机构。[17] 从 2020 年起，也可能最早从 2019 年起，该机构计划通过社交媒体直接发布关于洪水、热浪或降雨事件的调查结果，并在此后的一两个星期内发布关于它的完整研究报告。"揭示气候与天气之间的联系是我们使命的一部分。"德国气象局副局长保罗·贝克尔告诉美国科学杂志《自然》[18]，"既然人们有对这种信息的需求，也存在产生这种信息的科学基础，我们也很乐于做一个传播者。"

关于气候变化对极端天气事件的影响，如果我们使用一致的方法进行持续分析，找出气候变化的蛛丝马迹，决策者将能据此进行更好的规划，这比开展大量研究要行之有效得多。例如，每一次热浪的情况都有所不同——我们在过去五年中一直忙于寻找最合适的方法。最近一年来，科学家已经能够就"归因研究应该是什么样子"达成共识，以便对某一天气事件进行气候变化归因后得出尽可能可靠的结论，且能够回答非常具体的问题（如热应力或温度）。因此，我们的工作可以从为欧洲提供常规归因服务开始。这将是我们学科向前迈出的一大步，同时也是提高公众对气候变化和极端天气认知的好机会。

与工业化国家相比，常规归因服务对于发展中国家和新兴国家更重要，因为极端天气给这些国家造成的后果更严重。毕竟，这些国家的社会系统更加脆弱，其面临的极端天气风险增加的速度也更快。[19]

然而，当风暴或热浪侵袭他们的国家时，"全球南方"的许多国家往往会条件反射似的将矛头对准气候变化和西方国家的历史罪责——尽管在许多情况下，这些天气事件的成因就在它们的国土之内。

因此，天气事件的清晰度和透明度是必不可少的。而我们的研究提供了这种透明度。只有明确了解真正的"幕后元凶"，我们才能采取行动。

第七章

用事实代替宿命论：
知道灾难原因，方可采取行动

　　2018 年 2 月，当我抵达开普敦机场时，首先注意到的是墙上的告示。它们用"世界末日"的字样发出警告，并呼吁人们节约用水。在公共厕所里，我徒劳地旋转着水龙头，却没有一滴水流出来，旁边的消毒剂却似乎在随时待命。在酒店里，莲蓬头下面放着一个水桶，客人被要求把淋浴的水收集起来，以供清洁所用，而洗衣机的废水管与马桶冲水口直接相连，怪不得我发现每次冲完厕所，水箱里都会冒出泡沫。

　　当时，这座南非大都市的水储量已经不多。政府宣布未来一个月的某一天可能是"世界末日"，届时该市居民将没有流动水可用。在过去的三年里，该地区遭受了 100 多年未遇的旱灾。

　　这正是我来到这里的原因。我计划与开普敦大学的同事一起进行一系列研究，调查气候变化对南非乃至整个非洲大陆的影响。排在首位的事项是：开展归因研究，查明气候变化在当前的干旱中发挥了什么影响。

在开普敦周边地区，由于灌溉停止，田地已经干涸。这导致大量农作物歉收，损失达数百万美元。如今，开普敦也面临着水龙头关停的危险。

然而，几周后，也就是 4 月初，政府暂时解除了警报：他们将预期的"世界末日"推迟到了次年。借助大幅度的用水配给，开普敦与灾难擦肩而过。

6 月，雨水回来了，填满了该市的 6 个大型水库。剩下的是一种不安的情绪。气候变化是造成旱灾的"幕后元凶"吗？如果是这样，这座一贯因高效供水而自豪的城市将如何适应未来的缺水情况？

7 月底，我们给这个问题提供了一个答案：通过计算机模拟以及对 18 个气象站的数据进行分析，我们计算出开普敦发生干旱的概率因气候变化而增加了两倍。

这意味着，在一个没有气候变化的世界中，预计每 300 年才会发生一次的天气事件，今天我们只能假设它每 100 年就会发生一次。这听起来仍然不是很令人担忧。可是，当我们展望未来时，会考虑到这一点：如果全球再升温 1℃，这种干旱发生的概率也会以同样的系数增加。届时，大约每 33 年就会出现一次极端干旱。每增加 1℃，概率就会相应增加——因此，曾经非常罕见的天气事件将变成经常发生的普通天气事件。

基于我们的研究，开普敦现在也可以对未来进行规划，为水资源短缺做好准备。目前，该市的淡水几乎全部由水库供应。更好的做法是，将这种供应多样化，同时从地下水中获取淡水。海水淡化厂也不失为应对紧急情况的一个选择。

发展中国家和新兴工业化国家对气候变化的感受最深。一方面，这些国家特别脆弱。那里的房屋结构不太可能经得起强烈的风暴。此外，政府关于干旱的警告以及建议采取的措施通常不能快速抵达这些居民。因此，这些国家所遭受的损失要比预期大得多。

另一方面，在世界这些地区，极端天气事件的风险正在不成比例地增加。频繁的干旱和洪水可能使经济倒退很多年。例如，2004 年，飓风"伊万"摧毁了加勒比海国家格林纳达的整个肉豆蔻生产——这是该国最重要的出口商品之一。[1]

及时获得有关风险实时变化的信息对于降低风险和增强国家复原力至关重要。至少，这些信息必须在被需要时是可用的，即在极端天气事件发生时立即具备可及性，因为届时我们必须即刻做出关于重建、安置和补偿的决策。

然而，信息也必须到达需要它的地方。特别是在发展中国家，决策者和记者仍然很少有机会接触到归因研究：我们这个领域的科学家和气象数据都集中在工业化国家。

但是，如果发展中国家的政策制定者和规划者缺乏对气候信号多样性的认识，不将基于数据的证据纳入他们的决策，他们就有可能使这一次雨季后实施重建计划的地区在下一个雨季被再次冲垮。

气候变化并不总是"幕后元凶"

当然，气候变化的作用也有被夸大的风险。（在"全球南方"，但不仅仅是在"全球南方"）一些地方政府或市长一再将极端天气造成的所有损失归咎于气候变化，从而归罪于西方国家。[2] 这是可以理解的，因为发展中国家受极端天气的影响过大，同时与工业化国家相比又准备不足——而他们对气候变化的"贡献"也最小——大部分温室气体是由西方国家排放的。几个世纪以来，西方国家通过燃烧化石燃料获得了巨大的收益。世界银行[3]和联合国[4]也对此敲响了警钟。然而，这种立场也会使这些国家陷入惯性和惰性，从而失去行动的主观能动性。特别是在有些情况下，干旱或风暴的发生不能归咎于气候变化，而一场灾难的发生仅仅是由于天气不佳，甚至有时是因为政府的错误规划而引起的。

一个很好的例子是东非。当全球持续变暖时，气候研究人员预计干旱的严重程度和频率都会增加，这就是为什么近年来东非的多场干旱通常被视为气候变化的象征。[5] 例如，2015 年，埃塞俄比亚经历了几十年来最严重的干旱之一。该国北部和中部地区的数十万农民失去了他们的庄稼和大部分牲畜，800 万人依赖国际援助机构分发的粮食充饥。

政府官员和非政府组织代表在与我的谈话中明确指出了干旱的原因：气候变化，或者至少它是一个主要因素。因此，这个国家也针对未来可能发生的干旱采取了气候适应性措施。正如一些研究报告所建议的那样，他们基于对平均变化的预测，即预计的平均降雨量，建立了灌溉系统。[6] 卫星图像显示，农民正在越来越多地使用灌溉系统来灌溉土地。[7]

然而，气候变化真的是罪魁祸首吗？东非发生干旱的概率真的会因气候变化而大大增加吗？

在天气数据和气候模型的统计分析的帮助下，我们模拟了无数种可能的天气场景，并且能够证明：发生在埃塞俄比亚的干旱是一个特殊的极端天气事件，平均每几百年才会出现一次。然而，我们的归因研究不能表明，气候变化在其中发挥了主要作用，才使得缺乏降雨的概率大大增加。[8] 诚然，由于全球变暖，东非的气温也在上升，这通常会导致水的蒸发量增加，但东非干旱炎热地区的蒸发率一贯很高。在没有水的地方，也就不存在什么蒸发。因此，这种关联度并不像在世界其他地区发生的天气事件中体现得那样清晰。

但是，如果气候变化不是导致严重干旱的决定性因素，那什么才是呢？仅仅是由于气候的自然波动吗？还是气候系统以外的其他因素发挥了重要作用？埃塞俄比亚及其邻国的政治家和规划者是否要扪心自问，他们原本是否可以更好地未雨绸缪？因为也许干旱的频率或强度并没有发生太大的变化，但自己的国家却变得更加脆弱了。

除了大气，土壤湿度、水库的状况与植被的密度和类型也起着重要作用。当人们开垦森林、改变耕作方式或将牧场改为耕地时，上面两个因素都会对人类产生很大的影响。当然，干旱是否会带来问题，也取决于一个社会的准备程度。居民对雨水的依赖程度如何？他们能够提前多久预知干旱的到来？哪些人有足够的储备，可以在经济上度过一个严重的歉收期？有多少人上了保险？

东非的大部分人口以农业为生。该地区的北部以游牧业为主，而中东部种植大量玉米——这种农作物只有在雨水充足的情况下才能茁壮成长。因此，以种植玉米为生的农民特别容易受干旱的影响。干旱一直伴随着东非人民，但他们仍然坚持种植玉米。如果预知下一年可能存在歉收的风险，他们就会在接下来的几年种更多的玉米。

有一次，我访问埃塞俄比亚的首都亚的斯亚贝巴。我在亚的斯亚贝巴大学的一位同事阿比伊·泽盖耶博士向我说明了其中一个原因：种植玉米的农民比种植小米或其他普通粮食作物的农民在社会上更有威望。

东非南部的另一个重要农作物是水稻。这种谷物能较好地应对高温，但也需要相对较多的水，因此也非常容易受干旱的威胁。

此外，埃塞俄比亚人在过去几十年中砍伐了大部分森林。政府现在也开始关注偏远地区，在那里分配土地使用权，并修建公路。

为了应对干旱，政府机构开始建造灌溉水坝。然而，这些工程引发了洪水，进而摧毁了牧场，迫使游牧民族阿法尔人[9]迁往其他地区。这反过来又助长了冲突，加剧了社会的紧张局势。因此，政府实际上使得社会系统在干旱时期的脆弱性增加，虽说其初衷并非如此，其所修建的灌溉系统确实可以为当地居民提供更多的水。

政客倾向于将气候变化指为罪魁祸首——他们与干旱做斗争，却不反思当地系统的脆弱性。他们不是在寻根究底，而是在与结果对峙。例如，世界银行的"良心"报告认为，天气在旱情中发挥了压倒性的作用，并将其归咎于气候变化。这也许确实出于良心之举：气候变化确实是该地区最大的问题。但是，找个替罪羊也许是相当方便的办法。

我们对肯尼亚、埃塞俄比亚、索马里以及整个东非的研究[10]表明，气候变化确实不是缺雨的主要原因。这并不意味着它完全没有起作用。况且，缺雨也不是造成干旱的唯一因素。但是，如果我们将对 2017 年肯尼亚旱情的了解与 2010 年的埃塞俄比亚及时分享，阿法尔人可能会采取不同的举措。采取措施不完全是为了防御某一次特定的天气事件，而是针对社会和政治结构进行变革，因为这才是造成经济和社会巨大损失的主要原因。

有时，改善学校教育质量比建造水坝更有意义。如果这些发展中国家的优先事项的设置重点发生偏差，不仅它们本国要负主要责任，一些国外的发展援助组织也要承担责任——它们往往为了赶在财政年度结束前花光规定的经费而很快打井或建坝。众所周知，长期性项目是很难得到资助的。当然，找出这个原因不代表我们能够解决这个众所周知的问题，但我们用具体的实践和场景说明，某种天气模式并非偶然事件。我们至少可以改变人们的认知，并希望最终有助于这些资金和发展项目被更有效地利用和实施。

不得不采取行动的政客：无为而治不再是一种选择

如果证明气候变化不是主要原因，会有什么后果呢？从正面看，决策者获得了行动的力量。他们对当地发展的付出不会因旱情的出现而付诸东流，因为旱情会越来越严重，也越来越频繁。换句话说，如果有人对这个事实置之不理，不采取任何行动，那就是渎职。如果一个政府不采取任何措施来提高居民对灾害的适应力，以减轻旱情和其他自然事件的后果，这就是无效的援助措施。

这话听起来可能有点儿重了，但需要强调的是，我们并不是在有意夸大。这不是要把责任推给谁，甚至不是为西方开脱，而是为了拓展行动的范围，让事实真正站得住脚。在我看来，即使是非洲的专制政府，也希望降低其人民在灾害面前的脆弱性。然而，有时他们缺乏的不是意志力，而是可能性：特别是在非洲——但不仅在非洲，人们缺乏有行动力的政治架构，也缺乏可以为应对极端天气做好准备的相应数据。

例如，肯尼亚政府就表明了对这些数据的需求，并且对我们关于 2017 年干旱的归因研究非常感兴趣——至少在结果公布之前是这样。

虽然旱灾只影响了肯尼亚的部分地区，但它在索马里肆虐开来，导致大批难民逃往肯尼亚。然而，当研究结果显示气候变化没有起到预期的主要作用时，环境部和非政府组织代表对归因研究的热情大大降低。

于是，新闻发布会的准备工作也困难重重：我们在内罗毕住处的花园里坐了好几个小时，为每一个字讨价还价。还好，我们能够坐在猴子嬉戏的棕榈树下的阴凉处，逃离尘土飞扬的嘈杂城市。

尽管我更愿意强调，气候变化不是缺雨的主要原因，但我们最终还是把新闻稿的标题定为：《我们不确定，气温对于该地区的旱情有多重要》。

2017 年 3 月，我们与肯尼亚政府代表一起在内罗毕的新闻发布会上介绍了研究结果。当时，索马里的旱情仍在持续。尽管人们对我们的报告存在争议，但这次会议对我们这个学科和科学本身来说，是一个巨大的成功。因为政府代表的参与表明，归因研究很重要，也受到大家的欢迎，即使研究结果并不一定符合政治利益。会议还表明，各国政府实际上想要了解天气事件的真正原因是什么，以评估其行动范围的边界在哪里。[11]

因此，归因研究有助于将区域发展和气候变化统筹考虑，而不是让两者此消彼长。特别是在旱灾或水灾发生期间，归因研究来得"正是时候"。如果当地的科学家已经发起或至少参与了这些研究，这将成为一个很大的优势，例如在对肯尼亚和索马里的旱情研究中，比起几位从欧洲来的科学家对一个陌生的国家自视"了如指掌"且"指手画脚"，当地的政界和社会对研究结果的接纳会更有意义。

我们与肯尼亚气象局工作人员最近的一次密切合作是在 2018 年春季。当时，内罗毕正在与洪水做斗争。在南非，我们与开普敦大学的科学家也有合作。[12] 我们开展了一个基于肯尼亚经验的新项目，旨在找出非洲如何有效适应未来的极端天气。

不仅在东非，而且在全世界，我们的研究表明，在某些情况下，与极端天气事件背后的其他驱动因素相比，气候变化只起了微乎其微的作用。即使人因驱动的信号明显，其他因素也始终发挥着重要作用。因此，"条件反射式"地将灾难完全归咎于气候变化是不可靠的。与完全否认气候变化一样，这都是在否认事实。事实上，这是一个具有许多关联度的社会和物理齿轮相互啮合的复杂系统。

在这个日益复杂的世界中，答案越简单，反而越打动人。环境和发展援助组织尤其擅长简化事情的相互关联性，以便更容易获得捐款。在某种程度上，这当然是可以理解的，这是他们的工作。但如果事实被过度扭曲，就是不可接受的了。例如，我们在内罗毕召开新闻发布会后不久，乐施会就发布了一份新闻稿。我们的研究结果附在文中，但它的标题是：《气候危机——气候变化如何加剧了东非的干旱和人道主义灾难》。[13]

毫无疑问，该组织这么做是为了帮助该地区的人民。同时，该地区的气温正在上升，这可以归因于气候变化。但气温上升和旱情之间的联系充其量只是一种推测。

气候和天气难民

近几年来，欧洲一直在不同背景下讨论气候变化对非洲和东南亚天气事件的影响，讨论的主题是"气候难民"——这个词现在经常出现在头条新闻中。现在的头条新闻总是被各种难民话题占据。

然而，目前很少有证据表明，越来越多的人由于天气或气候事件前往欧洲。对于那些因干旱、洪水和其他自然灾害而被迫离开家园的人，我们并不确知是不是气候变化导致了这些天气事件的加剧。至少目前还没有对于有难民数字可查的天气事件的归因研究。

那些离开非洲家园的人往往是出于武装冲突或其他政治、经济原因。即便他们真的是"天气难民"——其中一些人实际上是"气候难民"，他们离开的往往也是他们的故乡，而很少离开自己的国家，而且在很多情况下还会返回故乡。所以，确实存在气候难民，但这些人往往只是从马特拉布搬到达卡，或从索马里搬到肯尼亚。

移民问题非常复杂，是科学研究的一个难题。人们逃离的动机有很多。每个人由于世界观的不同，更容易看到自己想看到或期望看到的迹象，而倾向于忽略基于另一种解释视角的事实。大多数情况下，这甚至不是有意为之的。[14] 虽然关于移民和移民潮的原因，有许多不同的研究方法，就像世界各地有许多关于气候变化的研究一样，但这些截然不同的科学领域之间几乎没有重叠。也就是说，关于何时以及有多少人因气候变化而离开家园的科学证据非常少。[15]

有一点是明确的：在全球范围内，气候变化将从根本上改变亿万人的生活。随着海平面上升，岛国将因一次次风暴的袭击而变得不再适合居住。正如下一章所说的那样，在孟加拉国这样一个地势低洼、人口稠密的国家，许多人可能会被迫改变生计，未来可能会被迫离开家园。未来肯定会存在大量气候难民，也许现在已经有了，但关于他们是否真的会涌入欧洲，以及会有多少人涌入欧洲，还没有可靠的数据。

我们可以与社会科学家一起，利用归因研究来将这场在很大程度上忽视难民流动事实的大讨论拉回现实。这正是我的学生莉萨·塔尔海默（Lisa Thalheimer）所做的关于东非的研究计划。她曾在世界银行工作。她在博士论文的第一章分析了所有关于东非天气和移民的研究，探究两者是否关乎气候变化。目前的结果是：没有，没有一项研究这样做过。此外，移民与一个或多个天气事件之间的联系大多未被量化或记录。

塔尔海默接下来的研究对象是天气数据和移民数据库，以便将它们与归因方法相结合。目前，关于是否可以使用这些系统收集的新数据来建立移民和气候变化之间的因果关系，仍然没有定论。

从科学的角度来看，气候变化和移民之间没有简单的因果关系，这一点并不令人惊讶。受"绿色和平"委托，汉堡大学的科学家调查了亚洲各国和西非可能发生的气候移民。他们的研究报告发表于 2017 年 5 月。[16] 他们还发现，当极端天气引发自然灾害时，只有当其他政治和社会因素也施加影响时，人们才会逃离。此外，该研究还清楚地表明，大多数人选择坚持或暂时移居到本国其他地区或邻国，只有极少数人前往欧洲。

然而，该研究只能笼统地报告这些天气事件与气候变化之间的联系。例如，平均而言，世界范围内预计会有更多的强降雨和由此引发的洪水。过往的具体案例研究中没有确切的数字。但最近我们掌握了一些。例如，"绿色和平"在报告中用照片展示了两个案例：2011年泰国的洪水和2016年印度马哈拉施特拉邦的干旱，导致农作物严重歉收。对于第一个案例，我们能够证明气候变化并没有改变当时极端降雨的概率，也不是导致洪水的原因。对于第二个案例，我们正与印度孟买理工学院合作进行一项归因研究，最终的结果尚未得出，但初步的研究结果表明，气候变化是造成这场干旱的一个因素，而干旱又引发了一波前往孟买的难民潮。[17]

因此，在许多案例中，所谓的气候难民根本不存在——参见泰国的例子。然而，有些案例（如在马哈拉施特拉邦）则反映出，在社会基础设施缺乏、政治不稳定、政策不健全的情况下，气候变化加剧了由天气事件引起的灾难。换句话说，气候变化注定被作为人们逃离的原因，但发挥决定性影响的因素却各不相同——这些因素都被"气候难民"的说法掩盖了。如果我们能够揭露这一点，我们的赢面就大了一些。这尤其适用于目前在很大程度上未能基于事实却充满情绪性引导的辩论。

写这一章对我来说是最难的。因为我知道，前几页的所有陈述都可能被严重误解。同时，撰写本章也是我要对干旱和洪水等个别的极端天气事件进行归因研究的主要原因之一。如果你能准确解释气候变化何时起决定性作用，何时没有起决定性作用，你就能打开一扇解决问题的大门。

本章的初衷绝不是为了指出，工业化国家引起的气候变化并不总是每一个案例中的"幕后元凶"，从而让工业化国家不必再为"全球南方"的问题承担责任。作为历史上最大的排放国，这些国家有责任帮助减轻发展中国家现在和未来必须承担的部分负担——至少在发展中国家持有正当理由的情况下。正如下一章所示，我们现在可以确定的是，何时会出现这种正当性。这会带来很大的改变。

第八章

公正问题：
如果气候变化的代价被周知，
工业化国家要首先负责

　　萨利姆·哈克（Saleemul Huq）看起来并不像一个即将改变世界的人。这位来自孟加拉国的 65 岁的科学家身材魁梧，留着灰白的小胡子，为人友善而内敛，给人的印象并不起眼。至少这是我在 2016 年马拉喀什联合国气候变化大会期间跟他在讲台上讨论他的人生主题时对他的印象。他纠结于一个问题：谁应该为世界上日益严重的"气候损害"买单？

　　他指的是，由于世界长期依赖化石燃料，气候变化的进程加剧，从而引发了更多的损失和损害。[1]当暴雨冲走整座房屋，当风暴把海水推向陆地并破坏沿海地区的收成，当人们死于酷热时，世界各国也未能通过气候适应来阻止这些损失和损害的发生。

　　哈克是联合国气候变化大会的元老级人物，他参加了迄今为止的历届大会。作为最贫穷国家的顾问，他毫不留情地指出，气候损害早已成为常态，作为"肇事者"，那些工业化国家必须为此付出代价。

难能可贵的是，哈克在这个问题上毫不客套，毕竟几乎没有人敢公开谈论这个话题。也许这就是为什么在马拉喀什举行的小组讨论会之后，科学家、顾问和政治家都围绕在他身边，争相和这位颇有影响力的达卡[2]国际气候变化和发展中心主任攀谈几句。在为期两周的摩洛哥会议期间，我每隔一天也会经历同样的事情，而我的同事此前在巴黎、利马和华沙的会议后也报告了类似的情况。

哈克知道他在说什么。毕竟，他的国家正面临着一个巨大的问题。孟加拉国不仅是世界上最贫穷的国家之一，也是人口最稠密的国家之一。大约 1.65 亿人生活在约 15 万平方千米的土地上。这意味着，在不到德国一半的土地上，生活着两倍于德国的人口，而其中 1/3 的人居住在沿海地区——恒河及其支流在这里形成了三角洲，肥沃的田野和绿色的森林从这里延伸开来。然而，这个地区正濒临毁灭，因为它地势平坦，海拔较低，为海洋构成了一个大的攻击面，而由于全球变暖，海洋正在缓慢扩张。

实际上，孟加拉国对降雨已经习以为常，甚至产生了依赖。每年季风降雨时，该国总面积的 1/4 至少会被淹没一次。这有利于养活该国的许多稻田。当地有句典型的谚语："水是我们国家的母亲。"

然而，当母亲开始淹死自己的孩子时，这就成了一个问题。自 20 世纪 60 年代以来，孟加拉国一直试图通过修建各种水坝和路障来加固河岸和海岸带（特别是在西南部），以抵御这种情况。但有时这会使问题恶化，因为水和土地之间的传统交互被打破了。河水不能将被冲走的沉积物散布到陆地上，因为运河和河流的岸坡将它们积聚在那里，而岸坡两侧的土地就会下沉。即使在正常水位下，河道的表面也会像浴缸一样高出地面。但是，如果飓风来袭，摧毁了水坝，洪水就会倾泻而出，用携满泥浆的巨浪冲走棚屋、人和牲畜。例如，2009年，飓风"艾拉"将巨浪推向这片土地，冲毁了数个堤坝，导致150多人丧生，损失总额达2.7亿美元。地质学家到灾区考察时发现，堤坝外的沼泽地比该地区的平均洪水水位低了一米多。

最初的解决思路是按照通常的做法建造更高的水坝。世界银行为此认捐了4亿美元。然而，一些农民开始从过去的错误中吸取教训，尝试采用相反的方法。他们让水通过选定的缝隙以可控的方式流入，以缓解岸坡承受的压力，防止土地下沉。

孟加拉国的各个方面都面临着自然灾害的威胁。有时，季风环流发生波动；有时，河流决堤；有时，热带气旋可能会引发风暴潮。由于该国非常脆弱和贫穷，即便气候变化导致极端天气的强度和频率只是增加一点点，它所承受的后果都将是特别严重的。我们研究了2017年恒河三角洲的洪水，这是我们迄今为止最复杂的归因研究之一。得出的结论是：气候变化导致相关降雨事件发生的概率增加了约70%。[3]

然而，今天所发生的事情仅仅是个开始。未来真正事关生存的问题将是海平面的上升：根据预测，到21世纪末，孟加拉国沿海的海平面将上升1.5米。[4]据测算，这将吞噬该国16%的土地，迫使数百万人迁徙。[5]

"富国不想改变制度"

　　无论是孟加拉国、印度尼西亚（该国大部分地区地势非常低洼，因此在 2018 年 10 月的海啸中受灾尤为严重）、美国东海岸还是那些小岛屿国家，很明确的一点是，气候变化已经造成了损失和损害。更令人吃惊的是，长期以来几乎没有人谈论过这个问题。多年来，这个话题在联合国气候变化大会上根本没有产生任何影响力。一个惯常的解释，就是钱的问题。

　　损失和损害都费钱，而必须有人来支付这笔钱。由于这些代价主要是那些对气候变化"贡献"不大的国家来承受，因此就产生了公正和责任的问题。正是出于这个原因，气候变化的主要肇事者不想回答这个问题。"从某种制度中受益的人不想改变这种制度，"萨利姆·哈克说，"富国，特别是油气生产国从化石燃料中获利，它们不想改变。它们言之凿凿，说法动听，但却阻止采取必要的措施。这是谈判的主要问题之一。"

　　每天早上，当我在研究所的厨房里喝咖啡时，我都会想起这些主要的肇事者。厨房的墙上挂着一张海报，[6] 上面画着由大小不一的圆圈拼成的两只脚。碳足迹大的国家被赋予相应的大圆圈，而碳足迹小的国家被赋予一个小圆圈。美国代表脚跟，中国代表脚掌，印度代表大脚趾。所有其他国家都只是小圆圈。非洲国家的圆圈几乎无法识别。

　　长期以来，气候变化造成的损失和损害被认为只是一个关乎未来的问题。另一个原因与我们归因团队的工作有关：直到近几年来，我们才能够将特定的极端天气事件归因于气候变化，从而确定和量化气候变化造成的实际损失。[7]

恰恰在这个时候，国际政治也开始认真对待这个问题并有所行动，这是不是一种巧合？

多年以来，小岛屿国家率先试图施压。因为对于它们这样的国家来说，气候变化显然不是一个在遥远的未来要考虑的无足轻重的事情，而是一个事关生死存亡的问题。他们联合起来，组成了小岛屿国家联盟（AOSIS），并把这个问题——用会议的行话叫作"损失和损害"——列入了联合国气候变化大会的议程。同时，他们呼吁将全球变暖限制在1.5℃以内，并要求气候变化的主要肇事者提供损失和损害赔偿。很长一段时间以来，这种行动的结果都是一样的：他们一直被忽视。

直到2013年，煤炭生产国波兰的气候外交官在华沙举行的一场原本风平浪静的联合国气候变化大会上决定，希望未来以某种形式处理海平面上升和极端天气事件所造成的损害，情况才有所好转。

2015年12月，小岛屿国家和萨利姆·哈克这样的人在法国举行的联合国气候变化大会上庆祝了真正的突破：一些国家一致通过了《巴黎协定》。这一协定的长期目标是将全球平均气温较前工业化时期上升幅度控制在2℃以内，并努力将气温上升幅度控制在1.5℃以内。一些小岛屿国家可能因此得以生存，但也有一些小岛屿国家可能因此消失。

此外，该协定明确承认，[8]损失和损害是气候变化的后果，并强调对这一事实的认知以及尽可能阻止其发生的重要意义。这段话表达了对我们工作的认可以及对我们开展归因科学的间接赋权。

鉴于工业化国家长期以来一直拒绝处理这一问题，我们很难想象会取得这样的成功。然而到头来，人们根本无法再忽视它——气候变化造成的损失和损害太明显了，而且我们现在可以借助具体的案例将其量化计算。

一个无人问津的全球性问题

然而，工业化国家的步子迈得并不是太大：他们虽然承认了气候损害，但在全球气候条约的附件中加入了一个特殊条款：明确排除对气候变化造成的损失和损害进行任何赔偿。[9]虽然气候条约明确规定对"损失和损害"将不予赔偿，但"损失和损害"究竟是什么，答案仍然相当模糊。事情开始变得荒诞不经了。

一份较早的联合国文件提到了"气候变化对发展中国家的自然和社会造成的实际和/或潜在的负面影响"。[10]当我们在一篇专业文章[11]中采用这一定义时，立即收到了来自波恩世界气候秘书处的邮件。它提醒我们，这绝不是一个官方定义，更重要的是，对此根本不存在任何官方定义，此前也不存在任何相关的研讨、官方谈判或努力来构建这个定义。我们被要求发表一份声明来澄清这一点。

我们做到了，尽管有些意外。[12]从科学的角度来看，在我看

愤怒的天气

来，针对一个无人知晓其真正含义的主题进行正式谈判是没有意义的。如果我不是同时攻读过哲学和物理学，而是一名外交官或政治家，可能会想得少一些。当然，在政治上，将损失和损害这样的流行语尽可能地模糊处理是很有意义的——尤其是当不同的利益相关方坐在谈判桌前的时候。如果被赋予了明确的定义，小岛屿国家和其他发展中国家的关切可能永远不会出现在《巴黎协定》这样的重要文件中。

我们对这一问题研究得越多，就越意识到我们捅了多大的马蜂窝。当我与发展中国家的人谈论我的工作时，首先想到的往往就是损失和损害——无论是在德里某政府机构喝茶时，还是在内罗毕与科学记者共进工作早餐时，或是在亚的斯亚贝巴与学生讨论时。然而，在大多数情况下，他们会被立即要求不要把这个话题作为主要谈话内容。它实在太敏感了。

没有人愿意叫醒沉睡的人：只要损失和损害没有明确界定，那些气候变化的肇事者就至少可以签署协议，将问题向前推进一点点。发展中国家无法从中得到任何实际利益，但这使得损失和损害成为气候谈判架构中的一个独立支柱，从而得到认可。这是未来可期的万里长征的第一步，也许是迈向"气候公正"的第一步。

数字的力量

我们通过开发使人们能够识别极端天气造成的气候损害的方

法，可能会补上拼图中缺失的那一块，让那些应该对气候变化负责的人真正担起责任，并为那些遭受损失的人提供必要的援助。

在世界舞台上，任何事情都不太可能在一夜之间发生变化。但是，数字确实具备它的力量——即使可能需要一些时间来发挥作用。碳价格的例子就是明证。

将碳视为生产成本的一部分，从而根据市场经济规律对气候变化的后果进行定价——这个想法的诞生由来已久。1975 年，经济学家威廉·诺德豪斯（William Nordhaus）提出了对二氧化碳规定价格的想法（并因此在 2018 年获得了诺贝尔经济学奖）。[13] 但是，只有当经济学能够实际计算出排放一吨碳需要多少成本才能弥补由此造成的环境损害时，企业才会真正开始思考如何减少碳排放。如今，世界各地的企业都开始认真对待碳价格，即使它们目前需要支付的碳价格还很低，而且从“认真对待”到“有效定价”还有很长的路要走。

越来越多的国家正在引入碳定价：欧洲已经有了，中国正在实施，墨西哥和加拿大也是如此。如今，可以精确设定碳价格的这一事实足以激励企业对未来成本进行调整。虽然碳价格还没有高到使燃烧化石燃料作为一种商业模式无利可图，但已经有超过 1400 家企业（即使在还没推行碳定价的国家）已经推行基于这一假定碳定价的商业政策。[14] 尽管这还不足以有效地应对气候变化，但它显示了具体数字的力量。

归因研究可以在气候损害领域取得类似的巨大进步。如果气候损害可以转化为经济损失，[15] 并且人人都清楚总额是多少，那么全世界的政治家都将面临寻找解决方案的压力。

来自英国能源与气候情报机构（ECIU）的记者就是这样做的。他们查看了2016年和2017年的59项归因研究，并选择了气候变化导致极端天气发生概率增加的41个案例。在他们撰写的报告《恶劣的天气》[6]中，他们计算了气候变化造成的损失数额。为此，他们做了一个简化的假设：如果气候变化使某一事件发生的概率增加了一倍，那么他们就把该天气事件造成的经济损失的一半归因于气候变化。诚然，这是一个很大的简化，因为损失的数额不会随着天气事件发生的频率增加而呈线性增加。然而，为了了解气候损害的程度，目前以这种方式来估算数字是合理的。[17]

作者不仅研究了气候损害的成本，而且研究了罹难者的数量。例如，2015年印度和巴基斯坦的热浪造成近4000人死亡——其中至少有2800人的死亡可归因于气候变化。

2800人因气候变化而死亡——这是一个能够推动行动的强有力的论据。因为如果一个国家在下一次热浪来袭之前就知道这些事实，却没有能够采取措施充分适应气候变化以及它发出的信号——极端天气事件的话，那么它就必须承担责任。否则，就意味着它默许了这些损失和损害的发生。

专注于风险，而不是损害

世界各国可能还需要几年的时间才能就如何建立一个实时处

理当时当地气候损害的机制达成一致。同时，个别国家选择把命运掌握在自己的手中。例如，孟加拉国政府已经建立了一个国家机制，并为此预留了资金，即使不是采取补偿措施，至少也有助于弥补气候变化造成的损失和损害。萨利姆·哈克是孟加拉国最大的报纸《每日星报》的周专栏作家，同时也是政府顾问，他很可能也参与其中。

然而，到目前为止，该机制还未生效。因为目前还不清楚，在什么情况下，钱才能从装满纳税人钱的国家基金中流出，以及流出的这些基金到底是为了弥补什么样的损失。

这个问题再次揭示了联合国气候变化大会谈判中的一个困境，如同漂浮在房间里的大象。我的立场是：最合理的办法是，只考虑能够归因于气候变化的损害。否则，我们应该如何划分界限？是否还应该考虑寒流这样的天气事件，尽管它发生的概率实际上因气候变化而显著降低？或者考虑那些仅仅由发生频率更高的极端天气所造成的损害？可能你还会想起发生在圣保罗的那场干旱——干旱造成了严重的破坏，气候变化也产生了影响：高温导致城市周边地区迅速蒸干——但与此同时，降雨量也增加了。两种影响相互抵消，以至于气候变化并没有使干旱更加频繁地发生。

那么，人为灾难呢？例如，大雨过后的桥梁倒塌，与雨水的关系不大，而与维护不善有关。[18]

只有在归因研究的帮助下，才能将损害具体归因于气候变化。离开归因研究，我们就无法区分什么是气候损害，以及哪些损害的发生另有原因。

对于许多天气事件而言，这项工作开展得相当顺畅。然而，它尚不能适用于所有的天气类型。例如，我们还不能把小范围内的暴雨造成的山洪、冰雹或龙卷风归因于气候变化。前者对于孟加拉国非常重要。因此，在能够提供一个相对比较完整的极端天气事件清单之前，我们还有一些工作要做。

另一个需要解决的问题是：应该由谁来主导开展这些研究？正在寻求帮助的政府，还是那些"肇事国"？在这两种情况下，这些研究可能会被引向某种方向的怀疑。因此，这项任务也可能落到一个中立组织的身上，如国家气象局。但即使这样，也会带来问题，因为这将对缺乏科学基础设施的贫困地区和人口阶层不利。为了得到一个相对可靠的结果，需要有良好的天气记录，但这些记录并非随处可见，而且往往越是贫困人口聚居区，这样的数据就越少。我们在世界各地都能看到这种情况：气象站主要设在机场、军事基地或研究设施附近，而不是在贫民窟或农村地区。

还有一个问题：如果赔偿金额是基于气候损害的占比来计算的，那些花费大量资金来适应气候变化后果的人可能会得不偿失，因为极端天气事件导致的损失程度也取决于受灾地区受保护的程度。

在完全没有采取任何保护措施的地区，其所遭受的损害自然是最大的。因此，可能发生的情况是，在某一地区，尽管气候变化对天气事件的影响相对较大，但由于该地区准备充分，这一天气事件造成的损失很小；而在另一地区，气候变化对天气事件的影响很小，但却造成了巨大的损失，然后大量赔偿金涌来，只是因为该地区对极端天气的适应性不强。这是一个错误的激励机制。

关注风险而不是实际损失会更有意义。因此，一种公平的机制将成为近年来越来越受欢迎的一种工具——气候风险保险。[19]

气候风险保险

气候风险保险的原理如下：当干旱、飓风或暴雨袭击该国时，投保人将在很短的时间内得到补偿。补偿的形式是金钱或农作物的种子等实物。一个国家或其居民可以直接为自己投保。首先，保险公司根据气候和天气数据来评估一个国家发生特定极端天气事件的风险。例如，可以在卫星的帮助下估算降雨情况。保险公司据此计算出一个指数。如果补偿额度低于保险合同中约定的限额，保险金就会自动转出。

迄今为止，发展中国家已有 1 亿多人投保了气候风险保险。例如，在发生灾害时，太平洋灾害风险评估和融资倡议（PCRAFI）会支付 12 倍于保费的赔款，以便能够在暴雨或热带风暴后重建桥梁或机场。

由于保险公司是根据参数程序运行的，因此可以在干旱或洪水发生后立即进行赔付。这意味着，保险金并不是在定损（这可

　　　　　　　　　　　　　　愤怒的天气

能需要数周时间）之后才开始赔付，而是在相关天气事件发生的概率超过某个极端指数（比如干旱）时就开始赔付了。例如，如果某种天气事件在过去发生的概率为"20年一遇"，如今突然每5年就发生一次（因此超过了每20年发生一次的平均指数），也因此可能导致更大的气候损害时，这种类型的保险就能够发挥重要作用。

如果保险公司想通过这个模式长期赚钱，就必须稳步提高保费。然而，许多较贫穷的国家终将不再有能力支付这些费用——有些国家现在就可能已经不能或不想支付它了。因此，最贫穷的人很难找到摆脱困境的出路。

归因科学可能会提供一个解决方案：第一步，我们可以计算出气候损害的风险在某地区是如何变化的，以及气候变化对该损害发生的影响比例有多大。然后，一个由工业化国家投资的国际基金可以承担和处理这一份额的损失赔偿。在这种情况下，保险公司将继续在发展中国家开展业务，并从中获利。[20] 而后者将继续支付金额不变的保费，同时仍然得到全面的保护。

气候风险保险被证明是有效的，并且已经实现在当时当地提供救济。然而，到目前为止，它们与气候公正几乎没有关系——因为气候变化的份额没有被考虑在内，最富裕的国家也没有有序地分担成本。工业化国家只是零星地在个别情况下用发展援助资金补贴保险公司。

然而，最糟糕的选择肯定是完全无视气候损害，或者让已经不堪重负的地方政府承担起气候损害的责任。如果真是这样，那么在政治之外，只剩下一种手段来帮助气候公正取得成功：诉诸法律。

如果在国家或国际层面没有令人满意的解决方案，气候变化的受害者可以打出这张牌。例如，将碳排放量最高的企业和国家告上国家法院，甚至欧洲人权法院。例如，由于岛屿变得不再适合居住，岛上的全部人口都失去了生计。

愤怒的天气

第九章

关于责任的世界性辩论：
被告席上的国家和企业

　　任何在 2018 年 4 月 6 日这一天阅读过英国或德国的报纸的人，都可以在报纸后页看到一条消息，其中隐藏着一个小小的轰动性事件：哥伦比亚最高法院判决 25 名儿童和年轻人胜诉。这些年龄在 7~26 岁的原告起诉哥伦比亚政府在应对气候变化方面不作为。他们认为，热带雨林的破坏和由此加剧的温室效应将极大影响他们的生活和健康。

　　哥伦比亚的热带雨林面积几乎相当于德国和英国国土面积的总和。然而，近年来，由于农业和畜牧业的发展，森林砍伐量显著增加。原告称，政府对此袖手旁观，违反了宪法规定的生命权、自由权和财产权。[1]

　　这一气候诉讼对拉丁美洲来说是历史上的第一次。鉴于原告是儿童并且指控范围较为广泛，很少有人预料到他们会成功。但法院支持了这一诉讼请求，并命令政府在四个月内制订一项行动计划，以限制亚马孙地区的森林砍伐。[2]

几十年来，能源公司和政府已经了解化石能源对气候的影响，也知道它们对子孙后代造成的损害。然而，很少有人重新考虑从根本上改变他们的商业模式和政策。这种不作为的后果是，2017年，全世界的二氧化碳排放量比以往任何时候都多。[3]问题是，"肇事者"还能逍遥法外多久？我们的子孙终将反抗，因为他们会感到自己的未来或至少是他们子孙后代的未来受到了欺骗，并力争让那些应该负责的人担起责任。这一刻终将到来。

现在，时候到了。[4]

2015年，在荷兰，一个公民团体以自己子孙后代的名义走上法庭——他们赢了：海牙地区法院迫使荷兰政府承诺加大对环境保护的投入，并将所设定的目标与世界政府间气候变化专门委员会的结论保持一致。[5]在美国，也是在2015年，几个州的儿童和年轻人将州政府告上法庭，要求其实现他们的气候目标，然而大部分诉讼仍在审理中。[6]在印度，一名9岁的女孩起诉政府，要求其遵守《巴黎协定》，减少二氧化碳排放。毕竟，有朝一日要为政客的不作为付出代价的是今天的孩子们。[7]

儿童和青少年纷纷加入了这一系列气候诉讼，越来越多的诉讼文件被提交到不同级别的法庭。在美国，石油公司是诉讼的主要对象；在欧洲，主要对象则是政府。美国的沿海城市旧金山、奥克兰、纽约和巴尔的摩要求埃克森美孚等石油公司提供赔偿，以便能够通过修建堤坝和水坝来适应海平面上升的情况。[8]来自肯尼亚、斐济以及5个欧盟国家的10个家庭和一个瑞典青年组织，[9]则希望迫使欧盟实现更高的气候目标，瑞士的一群老年人对其政府提出了同样的要求。[10] 有人列出过一份清单，截至 2018 年 10 月，美国境内已有 920 起气候诉讼[11]，美国以外有 269 起[12]。

这些最初成功的诉讼表明，其背后的基本理念是可行的。如果一个国家没有做好自己的分内事，在阻止气候变化方面做得不够，那么法院可以介入，并对政府发出提醒。德国也不例外：2018 年夏天，德国总理安格拉·默克尔宣布，很遗憾她的政府恐将无法实现之前设定的气候目标。她原本有足够的时间做这件事。但在她任职的 12 年里，温室气体排放量几乎没有减少。[13] 各大报纸只是在不起眼的地方报道了关于这个问题的大讨论——本应发生的这个大的丑闻事件却未能引起什么注意。同年，默克尔政府还游说了欧盟气候专员米格尔·阿里亚斯·卡涅特，令其放弃了收紧欧盟气候目标的计划。[14]

民间的反应很快就来了：2018 年 10 月底，三个农民家庭与"绿色和平"联手起诉联邦政府的不作为。《明镜周刊》援引起诉书称，政府"在没有法律依据、没有充分且正当理由的情况下停止了作为"。[15] 放弃 2020 年的气候目标，将会危及农民的"生命健康""职业自由""财产保障"等基本权利。此外，生产有机农作物的农民还面临着极端天气导致的农作物歉收，而气候变化加剧了这种情况。

诉讼的性质发生了变化

与那些失败了的，甚至一开始就不被接受的气候诉讼相比，胜诉的名单一目了然。[16, 17] 为数不多的胜诉主要发生在对气候变化"贡献"相对较小的国家，例如哥伦比亚。但是，这并不意味着这些国家应该停止环境保护。每一个影响，哪怕是很小的影响，都能产生一定的效果。

但是，哥伦比亚和荷兰不是美国。也许这就是第一批诉讼能够取得成功却又很少受到关注的原因。抑或这些诉讼本身也存在问题，这个问题也让国际气候谈判变得艰难和缓慢：因为这件事关系的始终是未来，而不是现在，它关系的是对一个国家或一块大陆整体平均气候变化的抽象预测，而与具体某一场干旱、洪水或飓风无关。

到目前为止，这些诉讼只能影响个别国家的政策，而不能影响国际政治环境。[18] 但是，这种初战告捷很可能是下一波诉讼浪潮的开始，它足以在更大范围内撼动世界。因为与此同时，有些事情发生了变化，比如诉讼的性质。在很长一段时间里，原告只关注子孙后代的权利、提供虚假信息的企业，以及不遵守自身法律和目标承诺的政府。现在，他们中的许多人关注气候变化造成的具体损害，包括极端天气事件和海平面上升所造成的破坏，而这正是我们要做的事情。

这一切始于 2009 年，在阿拉斯加州西北部的村庄基瓦利纳——一个经常有剧烈的冬季风暴肆虐的地方，住着 400 名因纽特人。基瓦利纳长期以来一直受到海洋冰壳的保护。然而，由于全球变暖，越来越多的陆缘冰融化，如今的风暴能够在冬季将海水冲到村庄的上空，把海岸冲刷得支离破碎。由此导致的后果是：村里的建筑物有沉入白令海的危险。整个村庄不得不搬迁。

因此，村民起诉了那些他们认为是造成灾难的"肇事者"：埃克森美孚等石油公司和皮博迪能源等煤炭公司。指控原因是：阴谋。这些公司在化石燃料对气候的影响方面故意误导公众。除了对其提供虚假信息的控告外，本案还涉及一个新的内容：向村庄赔偿损失。然而，法院甚至没有去调查造成损失的原因，就事先驳回了诉讼。其理由是，负责该事宜的应该是美国国会，而不是法院。此外，关于基瓦利纳的沉没原因过于复杂，几乎难以确定。[19]

"全球变暖是一种全球性的普遍现象，"当时的《纽约时报》写道，"要想让关于破坏公共安全和秩序的诉讼取胜，被告人的行为必须与其所承受的损害直接相关。"那时候，归因科学仍处于起步阶段。[20]

2015年，德国也出现过此类损害赔偿诉讼。原告是一个既不会说德语，也从未去过德国的人。当年12月，他在埃森地区法院提起诉讼。萨乌尔·卢西亚诺·柳亚是一名来自秘鲁安第斯山脉的农民，住在瓦拉斯市郊一座海拔3100米的山村里。在他的马铃薯地里，可以眺望大名鼎鼎的白色山脉（Cordillera Blanca）。然而，在全球变暖的过程中，那片雪白越来越暗淡，冰川正在融化，黑色的岩石越来越凸显出来。[21]

融化的雪水流入一个冰川湖，即帕尔卡科查（Palcacocha）。

它位于瓦拉斯上方约 1000 米处，目前湖水已经满得快要溢出来了。如果一大块冰断裂落入湖中，一个大浪就可能会淹没瓦拉斯市的大部分地区，并随之淹没柳亚的农场。1941 年，一大块冰川岩掉入湖中，造成 1800 人在巨浪中丧生。[22] 然而，今天的水位比当时高得多。

每天，柳亚都必须忍受那笼罩在他头顶的迫在眉睫的威胁。造一座大坝兴许可以保护他和这座城市，但那要花很多钱，而瓦拉斯市无力或不愿负担。于是，这个农民想到一个办法，让那些对灾难负有责任的人对他进行补偿。在他看来，位于埃森的能源公司德国莱茵集团就是其中之一。在德国环保组织德国观察（Germanwatch）[23] 的帮助下，他对欧洲最大的碳排放国提起了诉讼。根据柳亚的说法，德国莱茵集团的排放物导致安第斯山脉的冰川融化，冰川湖很可能淹没他的农场。[24]

该诉讼比因纽特人的诉讼更有根据：由于德国莱茵集团对世界上几乎 0.5% 的温室气体排放量负有责任，因此也必须承担柳亚的家乡免受可能发生的洪灾的 0.5% 的成本，即 17 000 欧元。

这一数额不是特别大，对于德国莱茵集团而言是小事一桩。然而，如果柳亚成功，其意义将不同寻常：如果柳亚胜诉，法院可以开创一个先例，并在世界各地引发更多类似的气候诉讼。

但这是否会发生，首先取决于是否能证明德国莱茵集团排放的二氧化碳分子确实导致了柳亚农场上方冰川的融化。该诉讼的基础是《德国民法典》第 1004 条，根据该条规定，"业主可以要求妨害者消除其所造成的妨害"。该条文主要用于邻里纠纷，

　　　　　　　　　　　　　　　　　愤怒的天气

因为其中的因果关系很容易被证明。而在"柳亚诉德国莱茵集团"案中，事情并没有那么简单。

埃森法院一审驳回了这起诉讼——理由是无法确定从德国莱茵集团到冰川的"线性因果关系链"。但诉讼程序尚未完成，看看事情将如何在哈姆高等地区法院以及卡尔斯鲁厄联邦法院的二审中继续进行。事情将变得非常有趣。毕竟，值得铭记的是，这些损害是实际存在的：它白纸黑字地写在《巴黎协定》中，世界上很多国家都批准了该协定。更重要的是，与北极村庄基瓦利纳的情况不同，今天的因果链是可以被确定的——在归因研究的帮助下，我们完全可以为当时之不可为。这个"不可为"当时被直接作为拒绝因纽特人申诉的理由：你无法计算气候变化对个别极端天气事件的影响，并将气候损害归因于具体的国家或公司。柳亚一案对于我们科学家来说将意味着大量的工作，因为它并非一个天气事件，除了运用气象学之外，我们还必须真实地模拟冰川湖的情况——这并非不可能，但确实是一个挑战。这个具体的案件只是为了说明刚刚开始在法庭上发生的事情。柳亚是第一个，但绝对不会是最后一个与德国莱茵集团对簿公堂的人。气候变化造成的其他损害还有很多。而如今，我们可以填补证据链的空白了。

一份全球碳排放清单

如果没有理查德·赫德，建立清单将是不可能的事。据这位来自加利福尼亚州的地理学家称，他花了 15 年时间翻阅档案，以了解自工业革命以来每一家企业及其合法继承人排放了多少污染物，以及它们对气候变化的影响。研究的结果是：1751—2010 年，仅 90 家公司的排放量就占世界温室气体排放量的 63%。这些排放物中有一半甚至是直到 1988 年之后，也就是政府间气候变化专门委员会成立之后被排放到大气中的。那时，每个人都已经确知气候变化的存在，也知道气候变化是可以被预测的。[25]

从赫德的碳排放清单中，我们可以看到各家企业对气候变化的具体"贡献"，而这正是其有趣之处。据此，那些国有能源公司，包括沙特阿拉伯的沙特阿美、美国石油巨头雪佛龙和埃克森美孚各自"分担"了自工业化以来人类向大气排放的全球温室气体排放量的 3% 以上，英国石油公司、俄罗斯天然气工业股份公司、荷兰皇家壳牌公司和伊朗国家石油公司紧随其后，占比超过 2%。

因此，赫德迈出了第一步，对那些靠化石燃料赚钱的人提起气候诉讼：他编制了一份事关每家企业的温室气体排放清单。第二步，非政府组织忧思科学家联盟（UCS）的员工和科学家将其与全球变暖关联起来。[26] 为了帮助第二批气候诉讼取得成功，我们仍然需要串起因果链的另一端：全球变暖与极端天气造成的具体损害之间的联系。或许是由于缺乏具体数字，之前的诉讼都忽略了这一点。但是，由于归因科学的出现，这些数据已经被找到，至少对于最大的化石燃料生产商来说是如此。下一步我们要把这一点扩展到其他企业，摆在我们面前的拼图碎片是齐全的，我们只需要把它们拼在一起。

这种类型的气候诉讼在未来几年会取得什么成果，我还不敢预测。但有一件事是肯定的：关于富裕国家和企业应如何帮助贫穷国家应对气候变化后果的讨论，将会发生一些变化。那些未能认真减少温室气体排放的国家，应该开始不那么乐观地展望未来了。

这不全是我们的错

到了这个时候，我们确实应该讨论一下这个问题了：这么做真的公平吗？法院真的应该对助长气候变化的企业采取行动吗？这真的是它们的错吗？

埃克森美孚或德国莱茵集团这样的能源公司喜欢辩称，它们开采和燃烧石油、天然气和煤炭，是为了所有人的利益。毕竟我们的整个繁荣是建立在化石能源之上的。如果有人要承担罪责，那应当赎罪的就不是某一家公司，而是我们所有人。

但是，这种说法具有误导性。抱着这种态度，人们无须做出任何改变。我们留给子孙后代的将是一个比今天更加恶劣的气候。那时可能会发生我们如今无法想象的极端天气事件。

仅仅相信政治已经不够了。即使这份在国际法上具有约束力的《巴黎协定》通过之后，大多数国家的政府也没有足够认真地履行其承诺——不仅仅是唐纳德·特朗普的美国。例如，德国从 2018 年夏末开始了对它最古老的森林之一汉巴赫森林的清理工作。汉巴赫森林下方埋着大量褐煤，而能源公司德国莱茵集团仍然希望把这些褐煤挖出来——尽管德国的风能、太阳能等已覆盖该国近 40% 的能源消耗，褐煤对于德国电力供应安全而言已经没有必要。[27]

德国莱茵集团辩称，它不是为了自己而燃烧能源，而是为了消费者。如果消费者不购买燃煤电力，就不会燃烧化石燃料，所以我们都是罪魁祸首。

这说得没错：消费者是有影响力的。我们对清洁电力和素食的需求越多，这些东西就会被越多地生产出来。但是，指责我们因为参与其中所以要承担罪责的说法只是部分正确。我们的整个基础设施都建立在化石燃料的基础上，即便我们拼尽全力，也很难在不排放温室气体的情况下过上正常的生活。如果你想参与社会生活，那么只依靠太阳能取暖、骑自行车上班和坚持有机饮食是根本不可能的。

当然，现在也有被动式房屋，但它的造价绝对超出我的预算。而且，即使造这样的房屋，它的耗材在生产和运输过程中也会产生温室气体。当然，很多人可以骑自行车上班——我每天都这样做——但我之所以能这样做，是因为我能负担得起住在牛津市内而不是郊区的费用。最后，就食品而言，即使是来自该地区的有机蔬菜，也必须由运输商运送到市场或市区——这也会产生温室气体。

这并不是为个人的不作为辩护——每个人都可以做很多事

情。但如果消费者想发挥自身的力量，就需要大量的组织工作、教育和资金。而公司可以通过改变其商业模式更容易、更有效地改变现状。但是，只要旧的模式仍然赚钱，而且法律允许，也就是说，只要还有人愿意购买它们的产品，只要它们不会面临被起诉且进行高额赔偿的风险，这种改变就不会发生。

因此，只要有一项针对德国莱茵集团、雪佛龙或埃克森美孚的诉讼在法庭上胜诉，并且以某种方式令他们感到了"肉疼"，那么温室气体排放量高的其他公司就会考虑更快地转用绿色能源。

当然，这并非在任何地方都能实现。但其实很多地方都已经能够做到这一点了。今天，甚至有一些生产水泥的工艺在很大程度上可以做到气候中性。但没有人这么做，因为这需要花费更多的钱。除非这家企业面临被起诉索赔、业务中断或失去客户青睐的前景时，它才可能会改变现状。

另一个问题是，是否可以通过法律确定一个群体是否确实有过错。换句话说，保护人们免受气候变化的后果是不是他的职责，公司是否主动回避这一点。对烟草行业进行起诉时，人们很容易证明一家公司是不是故意造成或纵容接受这些损害。因为没有人可以否认，燃烧化石燃料有积极的作用——毕竟电力是一种实用的东西，但吸烟的积极影响却非常有限。

当然，我们早就知道燃烧化石燃料和向大气中排放温室气体的后果。绿色能源现在也提供了一个真正的替代选择。尽管如此，要证明一家公司造成了它不应该造成的损害，而且是有意为之，并不是那么容易。许多早期的气候诉讼甚至一开始就没有被受理，因为公司在什么时候知道什么，因此必须做什么或不做什么的问题要比对烟草业面对的诉讼问题复杂得多。[28] 时至今日，世界上还没有任何一项法律禁止温室气体的排放。与其他废气相比，它们通常甚至没有受到监管。例如，船舶仍然被允许加注和燃烧最脏的重油，而不受任何制裁。虽然监管方面正在发生很多变化，但颁布实际的禁令可能还需要很长一段时间——如果人们真的打算这么做的话。

不过，或许我们根本不需要这样的法律来帮助那些基于归因研究的气候诉讼取得成功。

未来的气候诉讼

律师现在正在密切关注我们这个领域的发展。其中一些人认为，归因研究是未来气候诉讼的核心组成部分。[29, 30, 31] 原因很明显：一方面，我们的研究可以帮助计算出具体的气候损害；另一方面，一些律师认为，更关键的是，已经有大量研究表明，由于人类向大气中排放温室气体，特定极端天气事件发生的概率大大增加。研究的数据每周都在增长。而研究越多，我们就越能清楚地了解气候变化的进展程度及其后果——不是在平均水平或全球范围内的情况，而是针对非常特定的时间和地点的情况。

例如，虽然我们早就知道许多半干旱地区的干旱很可能会更加频发，但归因研究的结果确切地告诉我们，如果全球升温 2℃的话，那场使开普敦供水几近瘫痪的"百年一遇"的干旱可能会变成"三十年一遇"的天气事件。而如果没有发生气候变化，这个概率是三百年一遇。所以，没有人可以对此置若罔闻。

律师索菲·马里亚纳茨和林登·巴顿[32] 认为，不一定需要出台禁止排放温室气体的法律。我曾与她们一起参加过许多会议，进行小组讨论，并给学生讲课。随着大量研究揭示了极端天气的后果，没有人能够再对气候变化的事实视而不见。与其说追究罪责，律师更关心的是获取没有人可以回避的事实证据。今天，这些事实就摆在那里。

因此，问题不再是法院是否会使用归因研究，而是何时使用。此类损害赔偿的第一批索赔已在准备之中。

如何计算索赔的额度呢？

基本上，一切都围绕着一个国家或一家企业在干旱、洪水或飓风中被归因的份额。这意味着，公司只能对可归因于气候变化的那部分损害负责。如果气候变化使干旱的强度明显增加了20%，那么我们可以将这一"增加"部分换算成损失。我们也可以直接通过《恶劣的天气》报告中的简单估算，或者借助于经济损失函数，例如通过经验方程把水位换算成美元。

同时，必须明确各家企业或世界各国自工业化以来在人类向世界排放的所有温室气体中所占的份额。它们可以像拼图一样被再次拆开，然后分摊给造成温室气体排放的企业和国家。计算企业的份额是一项艰巨的任务，对于国家而言要相对容易一些——

因为关于各国的年度排放量清单很久以前就存在了——基于《巴黎协定》及此前的气候协定，定期报告这些数据是世界各国的义务之一。

热浪的"罪魁祸首"——用数字说话

理查德·赫德多年来一直在对二氧化碳排放量最大的公司进行调查。我们研究所和奥斯陆国际气候与环境研究中心的同事一起，也在替世界上最大的"气候犯罪国"[33]做这件事，并且将各个国家的排放量[34]转换为全球变暖的份额。

侦查的结果是：自工业化以来，导致世界平均升温1℃的"主犯"是欧盟（17%），其次是美国（近16%）和中国（约11%）。

答案真的这么简单吗？

美国人可以争辩说，在工业革命之初，温室气体排放的后果尚不为人所知，因此不能追究任何人的责任，或者至少在所有人都知道后果之前不能追究。原则上，这个后果在20世纪20年代末就应该被周知了——瑞典物理学家和化学家斯万特·阿列纽斯的研究不仅在当时的专家界引起了轰动，而且登上了日报。[35]然而，关于温室效应及其成因的知识到20世纪中叶前被人们遗忘了，至少对于普罗大众而言是这样。即便如此，最迟从1990年开始，我们就不能再装作无知了——那一年，政府间气候变化专门委员会的第一份报告发表了。那些只计算 1990 年以后排放量的人得出了不同的结论：突然间，中国以 12% 的占比位居第一，美国以 11% 的份额位居第二，而欧盟按照这个算法仍占 9%。

批评者抱怨说，这种计算方法会使那些后期才开始从工业化中获益的国家（如中国和印度）处于不利地位。这种批评不无道理。值得讨论的不仅仅是排放的起始年份，被计算的气体排放类型也存在争议：主要的温室气体是二氧化碳，因为它在活跃的气候排放中占据最大比例，并且在大气层中存续了几个世纪。如果只计算自工业化开始以来的排放量，结果又是不一样的：美国显然处于领先地位，占 26%，其次是欧盟，占 23%，中国占 10%。请注意，它们三方为全球平均气温上升分别贡献了 26%、23% 和 10%。根据这种计算方法，仅美国和欧盟就为气温上升的这个 1℃ 贡献了 0.5℃。

所有这些数据既可以作为积极的，也可以作为消极的论据。根据政治、社会或法律角度的不同解释，这些论据之间存在显著差异，但它们仍然以不同的方式明确了哪些国家对全球变暖负有最大的责任。

在这项工作的基础上，我和挪威的同事一起启动了下一步的工作。我们扪心自问：这样的算法是否也适用于特定的极端天气事件？[36] 答案很简单：是的。

我们选择了 2013 年阿根廷的热浪做案例分析，气候变化使这场热浪出现的概率增加到原来的 5 倍，也就是说增加了 400%。如果将它对概率的影响分摊到各个国家，即要计算出美国、中国、欧盟及日本各自的排放量使这场热浪出现的概率增加了多少。这种针对单个国家的归因计算，我们以前从未做过，因此我必须首先开发出相关的方法。[37]

计算的结果是：美国和欧盟都使得阿根廷热浪出现的概率增加了近30%，中国使其增加了约20%，其次是印度、印度尼西亚和巴西（各约10%）、日本（7%）、加拿大（5%）和包括澳大利亚在内的其他工业化国家（共约7%）。

这篇文章发表于2017年。律师在专业出版物上引用了这篇文章，作为证明归因科学具体可以"做些什么"的一个例子：它可以串起从个别国家或公司的排放到特定极端天气事件之间的证据链——这正是北极基瓦利纳村和秘鲁农民柳亚的案件中所缺少的能够支持索赔的东西：一条"线性证据链"。[38]

诚然，我不是律师，我对这个高度复杂的法律议题的解释来自以处理该问题为业的专业律师的讨论以及有关的法律文章。但这种证据在法庭上理应不是罕见之物。一段时间以来，法院一直在根据责任的比重和与概率有关的证据来裁决正义。毕竟以前也有过类似的案例，比如铀矿工人没有得到充分保护，后来患上了癌症，因而提出索赔。

另一个迹象表明，归因科学正在进入公共生活，例如在新西兰。该国的财政部委托我的同事戴维·弗雷姆计算过去10年中气候变化所导致的损失。他与同事一起完成了这项工作——利用归因研究来评估气候变化在2007—2017年造成最惨重损失的极端天气事件的代价中所占的份额。这个太平洋岛国的财政部随后

采用了保守的评估，即气候变化使该国因洪水风险增加而损失
1.2 亿美元，因干旱而损失 7.2 亿美元。如果归因研究对政府来
说已经足够有利，为什么法院不能使用这种计算方法呢？[39]

还有一些障碍需要克服。例如，法院如何处理研究中的不确
定性？不确定性在科学界是司空见惯的，但它是否可能会使法律
的举证更加困难？[40] 对同一极端天气的定义可能非常不同，原
告和检察官可以把通过归因研究得出的尽管不同但都正确的研究
结果丢给对方——法院如何处理这样的情况？[41]

科学家的"能"与"不能"

我们有时会被指责，纵容自己被工具化，并为那些环境活动
家卖力。对于一些科学家来说，气候诉讼属于肮脏的角落，寻
找罪责者的行为为他们所不齿，毕竟科学应该只致力于获得知
识——这显然是胡说八道。

因为我们只是一些有自己政治信念和价值观的具体的人，这
些信念和价值观当然会影响我们的研究内容和研究方式。最重要
的是，科学家要保持独立。这就是为什么我们要公布所有研究成
果——如果资助者想把研究结果据为己有，我们压根儿就不会同
意开展项目。重要的是，我们拥有对研究产生的数据的所有权
利。由于我们坚持这一点，近年来有几个项目失败了，例如，基
础设施提供商想知道它们的设施在哪些地区面对的极端天气事件

发生的风险是急剧增加的。

当然，法院不能取代政治，也不应该取代政治。但是，通过一两个精彩的案例或许多小的成功案例，气候诉讼可能有助于改变社会和政治中那些难以用有力的论据说服的事情：能源公司希望"活在过去"，一些政府也认为，它们唯一的任务是"发展经济"，或者为所谓的经济利益制定政策。事实上，塑造一个可持续的、长期的框架条件往往能更好地为经济服务。

法院更重要的任务是确保为那些没有机会发声的人伸张正义——首先是为未来的几代人。我们的孩子还没有到投票的年龄，可他们却必须承担气候变化的后果。

在哥伦比亚，人们听到了孩子们的声音。如果他们起诉的不是一个在世界舞台上扮演次要角色的、相对贫穷的国家，而是向美国埃克森美孚公司要求数百万美元的赔偿，这起诉讼肯定会登上全世界的头版头条。如果归因研究能够为世界上更多的正义提供一个基石，那么我很乐意被同行谴责在寻找罪责者上面"执迷不悟"。

第十章

日常生活中的气候变化：
另一只眼看天气

2018年夏天，很多人的脑海中开始盘旋着一个问号。几个月以来，北欧上空仿佛笼罩着一个名副其实的"蒸笼"。北半球的其他地区也经历了极端高温。英国人和德国人开始享受阳光和温暖的空气；酒店开门欢迎人们的大量涌入，啤酒商的销售额也非常可观。但许多人开始怀疑，这个异常漫长、异常炎热和异常干燥的夏天是不是正常的。

今年夏天，我经历了一件出乎意料的事情：世界各地的人开始谈论气候变化。无论在咖啡馆或酒吧，在火车或飞机上，还是在办公室或大街上，如果你留神听，会一遍又一遍地听到一个问题：这正常吗？还是由气候变化导致的？

来自欧洲各地的记者也想知道这个问题的答案，所以我和我的同事海尔特·扬一次又一次地接受采访，将我们的科学发现与欧洲正在发生的事情进行比较。

到底发生了什么？每个人都看在眼里，包括我自己。当我乘坐火车穿越德国时，以为自己身处一个地中海国家：田野枯萎褪色，土壤硬化开裂，湖泊变成了浴缸。易北河的水位下降了如此之多，甚至出现了一些饥饿石。它们是水文地标，与涨潮时标记水文的石头不同，它们通常隐藏多年，有时是几十年甚至几个世纪。

在德国边境的捷克小镇杰钦，易北河左岸的河床上出现了这样一块饥饿石。上面刻着这样一句话："当你看到我时，就哭泣吧。"它可能是在 19 世纪被刻在玄武岩上的，为的是向当年失去庄稼的农民和挨饿多年的市民发出警告。上面还记录着极端高温天气发生的年份：1868 年、1842 年、1800 年、1790 年、1746 年、1616 年。1473 年和 1417 年的字刻几乎无法辨认。[1]

欧洲的其他地区也异常炎热。荷兰和英国出现了有史以来最炎热的夏天，与传说中 1976 年的夏天不相上下。

7 月底，瑞典和希腊的森林开始发生火灾，英国和德国的森林也零星发生了火灾。越来越多的记者打来电话，他们想听到的不仅仅是一句"在气候变暖的情况下还会出现更多热浪"。我们决定启动一项归因研究。[2] 速度要快。

我们决定把重点放在北欧，一是因为数据充足，二是因为我们对欧洲的天气更为熟悉。如果把出现在世界其他地区的热浪也包括在内，会花费我们更多的时间，但我们希望能够尽快提供事实证据。那一年，北欧 5—7 月的气温与长期平均气温的偏差非常大，特别是在斯堪的纳维亚半岛、英国和荷兰。然而，这一次，我们不想像以前那样把目光投向整个国家，因为全国平均水平并不能说明基尔或乌得勒支的居民如何经历高温，也不能对都柏林（爱尔兰）、林雪平（瑞典）、奥斯陆（挪威）、哥本哈根（丹麦）、芬兰索丹屈莱或约基奥伊宁的居民有什么交代。因此，我们仔细研究了这些城市，它们都有长期的天气记录，其中一些记录可以追溯到1874年。我们的目的是：确定出现在这些地方的热浪到底有多极端，以及气候变化在多大程度上发挥了作用——这似乎是每个人心中的疑问。

我们最初的发现是：这一波热浪甚至都没有那么特别。[3] 我们的统计数据表明，在乌得勒支，现在每5年就会出现一次这种级别的热浪；在都柏林和奥斯陆，每8年就会出现一次。

但这怎么可能呢？毕竟，奥斯陆经历了比以往任何时候都要热的7月——气温创下了历史新高，难道这不能说明热浪是罕见事件了吗？

这种表面上的悖论很快得到了解释。理解这一点的关键是：气候变化正在导致世界上几乎所有地方的气温上升。这意味着人们很可能会经历他们一生之中从未经历过的炎热。然而，从统计学上看，它们仍然是正常的，因为气候变化使标尺发生了变化。如果我们还生活在250年前的气候系统中，那么2018年夏天出现在奥斯陆的连续三天31.2℃的高温将是一个彻底的极端天气事件——而在今天的气候条件下，它不再是了。

因此，奥斯陆2018年的夏天提供了一个绝佳的案例。它说明了气候变化对人们的日常生活意味着什么——创纪录的气温。它们反映了"新的常态"。

接下来要问的问题是：气候变化使 7 月份出现热浪的概率增加了多少？我们的计算机模拟显示，在都柏林出现热浪的概率增加了一倍，在奥斯陆增加了两倍，在哥本哈根甚至增加了四倍。因此，就像基尔、乌得勒支、哥本哈根和林雪平一样，这些城市已经明显感知到了气候变化的存在。这些数据也都很相似——它们都是"新的常态"。

2018 年的热浪：全球媒体的焦点

我们自星期二开始这项研究，于星期五公布了我们的研究结果。[4] 我们团队中的任何人都无法预测接下来会发生什么：这项研究像一颗炸弹一样在全世界范围内引起了轰动。截至研究结果公布四天后的周二上午，已经有 2500 多家媒体对此进行了报道。这还只是纸质媒体，不包括广播电台和电视台。报道的媒体不仅来自欧洲，而且来自世界各地，包括英国广播公司、美国科学杂志《科学美国人》和中国门户网站新华网。在那之前，只有我们关于"哈维"的研究得到了类似的回应。

当我们启动世界天气归因组织的工作时，从未想过它会得到这么多的关注。2014 年，对于大多数欧洲人和美国人来说，气候变化仍然是发生在世界上其他地方的事情——如果他们承认存在气候变化的话。或者，人们认为这些事情也许会成为我们的后代或后代之后代的问题，但与我们今天无关。

现在，这种情况似乎发生了改变，至少从 2018 年的报道来看是这样。气候变化似乎已经进入人们的视野，或者至少已经叩响了他们的脑门。当然，这不仅仅与我们和世界各地的同事自 2004 年以来对 190 多个极端天气事件展开的 170 项归因研究有关，但我确实认为，我们功不可没。2018 年 8 月的一项调查发现，随着夏季的临近，72% 的英国人对气候变化的影响感到担忧。[5]

整个 8 月，我和我的同事海尔特·扬以及罗伯特·沃塔德（Robert Vautard）都接受了有关热浪的采访——几乎每天都会有一次采访。突然间，每个人都想在家门口谈论气候变化的问题，尽管这项研究只涉及北欧，而不包括北美，甚至不包括日本——当年该国超过 41℃的高温使数千人住院，数十人死亡。

媒体对我们的研究产生了极大的兴趣，但仅仅针对我们研究结果的第一部分，即气候变化使在都柏林出现热浪的概率增加了一倍，在奥斯陆增加了两倍，在哥本哈根增加了四倍。至少我们已经实现了部分目标：将气候变化从未来拉近到此时此地。[6]

基本上，研究中的例子很好地证实了全球气候报告所说的"温室气体增多、气温上升、热浪增加"。新的常态。如果引用教科书上的理论也可以证明这一点，那么其重要性将不容小觑。显然，我们确实需要这样的数据。这也表明，它们真的很重要。

只不过，"仅仅"将气候变化作为一个问题提出来，并且对一个人们无论如何已经有所预期的事情进行确认，是不够的。

时至今日，还有什么是"常态"？

在我们研究的七个地区中，有两个尚未被提及，而且它们在所有的媒体报道中都没有出现。尽管与反映平均气温行为的研究结论相比，从它们的案例中可以了解到更多关于气候变化的信息，以及它是如何体现在我们的天气中的——这就是索丹屈莱和约基奥伊宁，它们或多或少覆盖了芬兰的南部和北部。关于这两个地方的天气记录较为充足。2018年夏天，两地的气温也很高，甚至可以说非常炎热：位于北极圈以北的索丹屈莱的居民经历了31.9℃的史上最高气温——比往年7月份在那里测得的任何气温记录都要高。

这使得我们无法确定一个可靠的统计平均值来反映这种热浪的罕见程度。由于此前从未测得过这样的气温（相比之下，奥斯陆的气温只是稍微打破了之前的纪录），我们只能进行估算。因此，我们必须在统计模型的帮助下，假定存在一个更长的测量序列，而不仅仅是那些可以追溯到110年以前的测量数据。这正是这项工作开始变得棘手的地方。对于这一系列假定的测量，我们需要建立许多模型，才能获得合理有意义的数据，但这也意味着我们不会仅得到一个数字作为结果，而是一个非常广泛的区间值。因此，我们只知道索丹屈莱热浪罕见程度的上限和下限：预计那里至少每90年就会出现一次这样的热浪，[7]而在更北边的约基奥伊宁，至少每140年才有一次。这些热浪与哥本哈根或都柏林的热浪不同，它们实际上是极端天气事件，不属于"新的常态"的范畴，而属于一个新的类别。

当我们接下来试图将这种热浪归因于气候变化时，情况变得更加困难。因为芬兰的夏天是多变的：在有些年份的夏天，气温会达到冰点，而在其他年份，夏天的气温会攀升至20℃以上。这使得我们几乎不可能计算出在有和没有气候变化的世界中可能出现的气温——在这两个世界中，几乎一切皆有可能。我们唯一可以肯定的是：气候变化使热浪更有可能发生。

因此，尽管这是由斯堪的纳维亚半岛上空的高气压区域引发的同一股热浪，但奥斯陆和索丹屈莱的情况却截然不同。奥斯陆的夏天通常很相似，在气候变化的影响下，其气温的波动很容易被反映出来，而索丹屈莱的夏天是如此反复无常，以至于气候信号必须非常大，才能在数据的"白噪声"中脱颖而出。

为什么这很重要？并不是说气候变化在芬兰无关紧要——它当然重要。但要问时至今日，在气候变化的时代，还有什么是"常态"。在芬兰，对"正常"的夏天的定义相当模糊，它可能会涵盖广泛的气温范围。而伦敦或乌得勒支的夏天则是相当同质化的，气温也只在相对狭窄的区间波动。因此，虽然在北欧南部出现的这个更炎热的夏天为我们日常生活中如何感知气候变化提供了一个很好的例子，但对于北欧北部却是另外一回事，或者用它来举例不是那么恰当。可见，天气越是"一成不变"，就越容易确定气候变化对其产生的影响。

作为世界天气归因组织，我们最重要的任务也许就是找出在我们生活的世界中，什么样的天气是"正常"的。在北欧，经历炎热和寒冷的夏季是正常的，而在南欧，夏季只有炎热。即使这听起来都是陈词滥调，但每个人都需要清楚地了解实际可能发生的天气情况，而后才能质疑它是否因气候变化而发生了改变。

还有一件事不能忘记：有时候，气候变化并没有增加极端天气事件发生的概率，而是其他因素对灾难起了决定性的作用，例如森林砍伐、不当的城市规划、异常温暖的厄尔尼诺年或天气本身混乱多变的特性。即使出现了炎夏，也不能改变天气不是气候这个事实。而且，气候变化并不是在每个天气事件中都清晰可见。在我们迄今为止研究的 190 个极端天气案例中，最典型的类型是热浪、干旱、极端降雨和洪水，气候变化使这些天气类型加剧的程度和发生的概率大约增加 2/3。[8] 但这些只是我们科学家研究过的类型而已。近年来出现的很多极端天气事件，其受气候变化的影响仍有待探索。

气候变化已经进入日常生活

诚然，这个过程并不简单。尽管如此，归因研究已经在帮助提高公众认知的透明度，并将气候变化带入日常生活。然而，只有当人们不仅在热浪来袭的时候想到气候变化，而且在寒冷、灰暗的冬天也没有忘记它，甚至希望再次出现这样的热浪时，故事才会发生真正的转折。

大多数中欧人只是慢慢地开始用不同的眼光看待天气。到目前为止，我们还不必太担心——我们只是要开始琢磨是否需要在外出的时候带伞，还是把外套留在衣帽间。如果德国气象局发布恶劣天气预警，节庆活动策划者或德国铁路公司可能会感兴趣，大多数人即使注意到恶劣天气预警，也不太可能因此改变计划，而在美国许多地区，情况就完全不同了。这并不是因为德国人不太信任气象部门（如果谈到信任的话，情况可能恰恰相反），也不是因为德国人更愚蠢。在美国中西部，每个人都知道天气可能很危险，真正的恶劣天气不仅仅带来不便，而且是一个杀手。当出现暴风雨预警时，人们不会开车出门，而是待在家里确保安全，甚至可能爬到暴风雨掩体里去。

这并不意味着气候变化会在一夜之间改变欧洲中部的天气，导致人员不断丧生。2003年的热浪是一个例外。但是，气候变化已通过它的帮凶极端天气显著改变了我们的日常生活。

以水灾为例。2017年1月，英国南部的河流决堤，这也是气候变化造成的。气候变化使洪水发生的概率增加了——即使只是增加了一点点：以前是百年一遇，现在预计每70年发生一次。这意味着它仍然是一个人一生只能经历一次的天气事件。即使没有发生气候变化，洪水也不可能真的发生什么根本性的变化。这种渐进式的变化对人们的日常生活几乎没有（直接的）影响，但对保险公司来说却不同。如果可以找到可靠的证据证明洪水发生的概率略有增加，水位略有上升，而保险公司以不同的方式计算风险，使得一栋房子突然处于高风险区，那么这栋房子就会突然大幅贬值。由于气候变化，泰晤士河谷的一些房屋现在处于洪泛区。尽管这样的房子数量不多，但如果这是你的自住房，那它对你来说就很重要了。[9]

以热浪为例：气候变化使当前地中海地区出现热浪的概率增加了 100 倍左右。这会给人们的生活带来极大的影响，特别是对于已经很虚弱且容易出现热应激的老年人来说。

此外，如果高温和干旱同时出现，就像 2018 年的炎热夏天一样，气候变化的影响将是全方位的，也将给人类带来严重的后果，如森林焚毁、农田干涸。在这种情况下，像 2018 年出现的那种炎夏发生的概率是如何增加的？这个问题非常重要。毕竟，在这个夏天，联邦政府可以动用巨额的财政援助来帮助农民，但它不可能每年都这样做。在没有把握的情况下，政府必须考虑使用其他工具，例如天气保险。

归因研究也很重要，因为我们通常只有在风暴、干旱或洪水已经让我们措手不及时才意识到我们的脆弱性——到那时，就已经太晚了。或者当我们距离灾难只有一线之隔时，例如雨水仍在降落并充满蓄水池的时候，或者大坝因雨势减弱而看上去仍然坚不可摧的时候。正是在这些情况下，归因研究提供了宝贵的帮助，它可以帮助确定以前不太可能发生，以至于被我们常常忽略的天气事件现在是否仍然不太可能发生，但同时又不至于使我们放弃应急方案。

洪水：是麻烦还是威胁？

最后，我想用一个例子来说明气候变化会以多么意想不到的方式影响我们的日常生活。我指的是许多英国人和德国人的最爱——足球。足球俱乐部一般建在特定的运动场地，有些俱乐部建在河岸边或其他水体附近。即便洪水的风险只是轻微增加，对整个联赛的影响也是相当明显的。特别是在冬季，因为冬季是英国的主要足球赛季。这里指的不一定是顶级联赛，因为顶级联赛拥有大量资金和不受天气影响的大型体育场，而对于较低级别的联赛，它们受到的关注较少，但活跃在其中的运动员却更多。[10]

在 2015/2016 赛季，丙级联赛俱乐部卡莱尔联队的体育场不得不关闭将近 50 天，因为"德斯蒙德"风暴导致该地区发生严重的洪灾。提醒一下，"德斯蒙德"是我们最早归因于气候变化的极端天气事件之一。[11] 50 天没有球场，而且是在赛季中期——这对卡莱尔来说是一个真正的麻烦，特别是在财务上。即使只有其中的几天是由气候变化造成的，那也是一段漫长难耐的时间。因为俱乐部规模越小，对主场比赛收入的依赖越大，越有可能感受到天气变化所造成的影响。对于某些人而言，洪水可能只是一个麻烦的"小型洪水"，而对于另一些人来说，它可能意味着彻底改变，即使这是一个小型的乡村足球俱乐部。

如果你想了解极端天气是否以及如何因气候变化而增加发生的概率，不必等拿到物理学学位之后。诚然，计算的方法有点儿复杂，但关心它的人自然会理解。基本上，如果记者、报纸的读者、市长、科学家或非政府组织的工作人员想把气候变化纳入他们的日常生活或规划，只需要问自己四个问题：

- 我容易受到哪些极端天气事件的影响？
- 这个天气事件到底有多极端？
- 这个天气事件发生的概率是否发生了变化？如果有变化，那变化了多少？
- 它的不确定性有多大？

我们中的大多数人可能不会意识到，什么样的天气会给我们带来真正的伤害。至少我这辈子经历过一次：在我买房子的时候，为了投保，必须说明它面临洪水的风险有多高。由于我的房子在山上，这个问题并没有占据我太长的考虑时间。大多数人在某些事情发生之前都不会想到它，例如客厅积水、树木压倒在汽车上，或者家里的老人因脱水而住院。

但是，归因研究越多，我们就越经常在报纸上读到别人是如何被迫提出和回答这四个问题的。如果你看到这些极端天气事件成为其他人的"新的常态"，你就可能会开始思考什么对自己来说实际上可能是一个极端天气事件。

第 52 日

2017 年 10 月中旬，当休斯敦及周边地区的人们仍在忙于清理废墟、重建家园时，另一场飓风正在大西洋上空蓄势待发。在一年中如此晚的时间点发生这种情况是不寻常的。但飓风"奥菲利亚"非常适合成为一个疯狂的大西洋飓风季（共暴发了 10 场具名的飓风事件）的结束性事件。上次发生这种情况还是在 1893 年。

"奥菲利亚"起源于亚速尔群岛东南 300 千米处。但这一次，更不寻常的是，飓风没有向西移至美国，而是选择了另一条路线：一路向北。穿越亚速尔群岛上空时，它摧折了许多树木，将海岸淹没；穿越葡萄牙上空时，它卷起的狂风像一个巨大的风箱，扇动着熊熊燃烧的森林大火[12]；在爱尔兰上空时，风暴以 190 千米的时速吹掉了屋顶，将树林夷为平地。后来人们感叹，在这个卫星的时代，从来没有一个强度仅为 3 级的飓风向东移动了这么远。异常温暖的海水温度也助长了这一点。[13]

10 月 16 日，风暴穿过苏格兰，其长臂伸向英格兰南部。虽然"奥菲利亚"不再是飓风级别，但它带来的风力仍然非常大，可以揭掉屋顶上的瓦片，刮倒电线杆，将树木连根拔起。

它仍然依据它的旅行剧本行事。一个由葡萄牙森林大火产生的颗粒和在非洲西部形成后西移的撒哈拉风暴沙尘组成的巨大云团被生生卷起，不停地旋转。与往常不同的是，沙尘会散射太阳光，却不会使光线发生折射，因此我们可以看到蓝光。10 月 16

日上午，在笼罩着英格兰大部分地区的那层朦胧面纱后面，天空呈现出一种非同寻常的颜色。从我办公室的窗户望去，可以看到这场飓风最后留下的痕迹：天空沐浴在一片赭色中，如同世界末日一般。

在那一刻，我有点儿遗憾，我们还不能将飓风归因于气候变化，因为它在物理上极具复杂性，对它进行气候建模仍然存在困难。我们只能归因于它们的连带影响，例如休斯敦上空的极端降雨，但我们也在努力弄清楚：人类在飓风中还隐藏了多少未知的力量？毕竟，我们还是想知道"哈维"[14]、"厄玛"和"奥菲利亚"是不是一个新时代的"先驱者"。我们不仅要回答什么是"新的常态"的问题，还必须回答下一个问题：什么是"新的极端"？

后　记

　　我们有责任为未来塑造我们想要的天气。但更重要的是，我们想为世界上那些无法充分保护自己免受"愤怒的天气"影响的人做点儿什么。从燃煤电厂的烟囱、汽车排气管或集装箱货轮的烟囱中升起的每一个二氧化碳分子，都在改变着干旱、洪水和飓风。我们每一次去投票箱，每一次选择电力供应商、交通工具或家庭庆祝活动的菜单，并做出决策时，也决定了天气会有多"愤怒"。

　　借助归因科学，我们不仅可以审视过去，而且可以根据我们的行为方式来判断未来等待我们的天气是什么样的。借助这一学科的专业方法，我们可以模拟全球变暖 1.5℃、2℃或 3℃时的天气情况。

　　例如，2017 年夏天的热浪"路西法"将地中海地区变成了名副其实的炼狱，这在没有气候变化的世界里是极其罕见的，但如今我们预计平均每 8 个夏天就会发生一次这样的天气事件。如

果全球再升温 0.5℃，即总共升温 1.5℃，我们将不得不估计每 4
年就会出现一次这种级别的热浪。如果全球气温总共上升 2℃，
我们几乎每隔一个夏天就会面对这种极端高温天气——这还是我
们所有模型计算中最保守的估计。在升温 3℃的情况下，大多数
夏天都会更加炎热——像 2017 年那样的年份甚至会成为相对的
"清凉一夏"。

　　3℃？这不是一个非常不现实的情况吗？毕竟，国际社会在
《巴黎协定》中已经承诺将全球变暖控制在 2℃以内，如果可能
的话，甚至是 1.5℃以内？不，从今天的角度来看，这绝不是不
现实的——这正是我们目前正在走向的目标。因此，在我们的子
孙后代最有可能生活的世界里，2017 年地中海的夏天和 2018 年
北欧的夏天看起来将是罕见的例外——例外的"凉爽"之夏。

　　我们还站在这个新的极端天气时代的门槛上。好消息是，我
们仍然可以做点儿什么——至少为防止升温 3℃做一些事情。这
个上升的 3℃将使得世界大部分地区"面目全非"——这可不是
一个褒义词。

　　如果这只关乎我们欧洲人和我们这一代，人们可以说：我们
得到了我们"应得"的天气。但不幸的是，事情并没有那么简单。
虽然我们仍然过得不错，而且我们中的大多数人更有可能享受而
不是忍受温暖的夏天，但我们的子孙却要为我们今天闯下的"祸"
付出代价。用"闯祸"来描述可能是正确的——即使在政府间气
候变化专门委员会成立 30 年后，我们仍然看不到趋势逆转的迹
象：2018 年，全世界温室气体排放量比以往任何时候都多。[1]

地球上的大多数人——那些从化石能源中受益很少或根本没有受益的人，得到的是他们不"应得"的天气。例如，泰国人民将不得不面临未来将更加频发的极端降雨，就像2010年那场淹没泰国大部分地区并导致250多人丧生的降雨一样。气候变化已经使这种洪水发生的概率增加了一倍。而在升温2℃的世界里，这种天气事件可能每两年就会发生一次。[2]

同时，在印度西北部，像2015年那样的热浪出现的概率到目前为止没有增加。然而，在升温1.5℃的世界里，这种热浪出现的概率增加了一倍，在2℃的世界里，它甚至增加9倍，从而成为"新的常态"。

当然，气候变化并不总是让所有地方在所有时候都变得更糟。它也或多或少给人们带来一点儿希望，例如，秘鲁可能会更多地避免再发生像2013年那样的寒潮（该寒潮造成500多人死亡）。然而，这个安第斯国家在其他方面正面临着问题：冰川正在融化，可能会威胁到秘鲁农民柳亚所拥有的农场，于是他将德国莱茵集团告上法庭。

"柳亚诉德国莱茵集团"一案表明，即使是秘鲁的农民，也不必再无能为力地忍受气候的不公。归因研究将气候变化的不公正性从模型中带入现实世界。

至少根据埃莉诺·奥斯特罗姆（Elinor Ostrom）的说法，这最终可能成为改变全球能源系统的转折点。这位美国政治学教授于2012年去世，她是第一位获得诺贝尔经济学奖的女性。她坚信，当那些距离权力相当遥远的群体意识到他们拥有权利和行动的选择，且在社会运动、罢工、抗议游行、投票甚至诉讼中将其付诸实践时，转折就会发生。因此，我们仍然可以做很多事情来影响一个国家或一家企业接受和应对气候变化挑战的方式。每个人都可以为我们是否让全球变暖 2℃、3℃或 4℃做出贡献。这既是机遇，也是责任。

这对欧洲人来说更是如此。尽管欧洲的大多数人不必为每天的生计担忧，但世界上有许多人并非如此。所以，我们有做某些事情的自由。当我在报纸上读到气候变化的后果，或与朋友谈论这个问题时，语气通常在"恐慌"（世界要毁灭了，这只是个开始，它将比我们想象的更糟糕）和"完全冷漠"（反正你不能让企业做任何事情，每个人都只考虑自己，"他们"——主要指政治家——光说不练）之间摇摆不定。这些都是人之常情。如果我们不掌握数据，责任的界限就会变得模糊不清，一切都会变成同样"糟糕"或同样"无关紧要"。如果无论我是偶尔乘坐一次廉价航空航班而非"欧洲之星"去巴黎，还是乘坐廉价航空航班是我的"常态"而非"例外"，两者都没有区别，那么谁能告诉我，我的行为是否以及在何种程度上会对未来产生影响？

科学不是消除恐慌和无知的灵丹妙药，仅靠归因科学无法拯救世界。但它是一个有效的工具，可以提供指导，并证明气候变化是否从根本上改变了特定天气事件中的游戏规则，告诉大家气候变化是"帮凶"，还是被"错怪"的无辜者。

每当不同的利益团体传播他们的"假新闻"，每当政客试图淡化环境污染的后果，或者气候活动家在墙上描绘世界末日的情景时，数据就会提供安全和支持。有了这些基础性的数据，我们就更有可能揭露真正的"幕后元凶"，揭露那些企图掩盖甚至否认令人不快的事实的人。此外，它们还为我们提供了必要的工具，使我们能够在未来更好地保护自己免受极端天气的影响。

　　归因科学仍处于起步阶段。许多明天可能发生的事情在今天看来似乎是遥不可及的空想，但基石已经铺就。如果本书有助于令读者认识到某些事情，比如关于如今的气候变化产生的实际后果，以及它们如何体现在我们的天气中，它就达成了目标。这些后果既不代表毁灭，也不是世界末日的象征。我们并非对此无能为力。

致 谢

　　我很高兴，也很感激能成为世界气候学家群体的一员，并在过去几年中与许多人合作开展了令人兴奋的项目。我从与我共事过的每个人身上都学到了一些东西，但我从海尔特·扬·范·奥尔登堡那里学到的最多。为此，我想感谢他，没有他，世界天气归因组织就不会存在，我的职业生涯肯定会有所不同。

　　我要特别感谢来自舍乌克·菲利普、莎拉·丘、迈尔斯·艾伦、克劳迪娅·泰巴尔迪、海蒂·卡伦、塞巴斯蒂安·西佩尔、雷切尔·詹姆斯、理查德·琼斯、萨拉·斯帕罗、鲁普·辛格、卢克·哈林顿、加比·黑格尔、罗伯特·沃塔德、戴维·瓦隆和简·富根斯特韦德的批评、鼓励、支持与建议；也要感谢许多公民科学家，是他们十多年来一直使用 Climate*prediction*.net，使我们的模型模拟成为可能。

　　写一本书很累，但比我想象的要有趣得多。这在很大程度上要归功于我的合著者本亚明·冯·布拉克尔；我非常感谢他润色文本，并且总是提出新的建议和想法，让科学变得激动人心。

致本亚明和克里斯汀·罗特：感谢你们忍受我的"性别脾气"，感谢你们给予所有令我感受到人与人之间不同的个性和经验可以丰富生活的机会。如果没有克里斯汀，我永远不会有写一本书的想法。感谢你出了这个主意，与你合作是一件非常愉快的事。我还要感谢杜尼娅·勒莱恩出色的编辑工作。

没有约翰内斯和亚历山大·奥托，这本书就不会存在。我很感谢约翰内斯，在许多个夜晚，在我写作和编辑的时候，他会一声不吭地躺在我身边安静地阅读。感谢阿列克成为我的第一位读者，他对任何我想发表意见的事情发表意见，但最重要的是，他总是在我写作、处理事务和为人处事上鼓励着我。

特别感谢彼得·沃尔顿、马特·布朗和卡斯滕·豪斯坦——感谢你们所做的一切，但最重要的是，你们让我成为你们中的一员。

编辑说明

　　《愤怒的天气》不是一部关于过去15年归因科学发展的科学论文，因此，它没有提到在此期间帮助塑造这一研究领域的所有重要学者，也没有引用所有重要的出版物。那些被提及的人、作品被引用的人之所以被选中，是因为他们表达了我想表达的某一个观点。如果由其他同行来写这本书，他可能会设定其他的重点，会引用其他文献，提及其他的人。书中的所有事实都有来源，但对这些来源的解释是由我来做的，因此这也不是唯一可能的解释。关于"哈维"的大部分故事来自我的记忆，它自然不一定与同行的记忆完全一致。另外，气候变化始终是一个政治问题：没有一位科学家能够不把自己的价值观和政治信仰代入工作中。虽然研究得出的直接结果和数据是中立的，但选择计算哪些数据，不计算哪些数据，如何解释这些数据，以及在何时何地公布这些数据，却不是中立的。像我的同行一样，在专业论文中，我尽量保持开放和客观。但在本书中，我对自己并没有那么苛刻。它反映了我世界观中引以为豪的那部分，也就是特雷莎·梅（Theresa May）所说的"自由放任的精英"。无论是在本书中，还是在其他任何媒体中，我都没有为世界天气归因代言。

注 释

序言　陌生的天气

1. Lascaris, D.: »Are Irma-like Super Storms the ›New Normal‹?«, The Real News Network, 7. September 2017, https://therealnews.com/stories/mmann0906report (abgerufen am 22. 09. 2018).

2. Blake, E. S., Zelinsky, D. A. (2018): »National Hurricane Center Tropical Cyclone Report: Hurricane Harvey«, https://www.nhc.noaa.gov/data/tcr/AL092017_Harvey.pdf (abgerufen am 22. 09. 2018).

3. Hauser, C.: »Hurricane Harvey Strengthens and Heads for Texas«, in: *New York Times*, 24. August 2017, https://www.nytimes.com/2017/08/24/us/harvey-storm-hurricane-texas.html (abgerufen am 22. 09. 2018).

第一章　起因与影响：我们怎么塑造天气

1. Schaller, N., Kay, A. L., Lamb, R., Massey, N. R., van Oldenborgh, G. J., Otto, F. E. L., Sparrow, S. N., Vautard, R., Yiou, P., Ashpole, I., Bowery, A., Crooks, S. M., Haustein, K., Huntingford, C., Ingram, W. J., Jones, R. G., Legg, T., Miller, J., Skeggs, J., Wallom, D., Weisheimer, A., Wilson, S., Stott, P. A., Allen, M. R. (2016): »Human influence on climate in the 2014 southern England winter floods and their impacts«, in: *Nature Climate Change*, 6, S. 627–634.

　　　　　　　　　　　　　　　　　　　　愤怒的天气

2. Schaller, N., Otto, F., van Oldenborgh, G. J., Massey, N., Sparrow, S. (2014): »The heavy precipitation event of May–June 2013 in the upper Danube and Elbe basins«, in: *Explaining Extremes of 2013 from a Climate Perspective. Bulletin of the American Meteorological Society*, 95, 9, S. 69–72.

3. Timbal, B., Arblaster, J. M., Power, S. (2006): »Attribution of the Late-Twentieth-Century Rainfall Decline in Southwest Australia«, in: *J. Climate*, 19, S. 2046–2062, https://doi.org/10.1175/JCLI3817.1 (abgerufen am 22. 09. 2018).

4. Sippel, S., Otto, F. E. L. (2014): »Beyond climatological extremes–assessing how the odds of hydrometeorological extreme events in South-East Europe change in a warming climate«, in: *Climate Change*, 125, 3–4, S. 381–398.

5. Gibbons, B.: »Harvey's intensity and rainfall potential tied to global warming«, in: *San Antonio Express-News*, 25. August 2017, https://www.expressnews.com/news/local/article/Harvey-s-intensity-and-rainfall-potential-tied-11957010.php (abgerufen am 22. 09. 2018).

6. Ellen: »Fox News' Outnumbered Ignores Impact of Climate Change on Hurricane Harvey's Epic Intensity«, NewsHounds, 25. August 2017, http://www.newshounds. us/fox_outnumbered_ignores_impact_of_climate_change_hurricane_harvey_intensity_082517 (abgerufen am 22. 09. 2018).

7. Van der Wiel, K., Kapnick, S. B., van Oldenborgh, G. J., Whan, K., Philip, S., Vecchi, G. A., Singh, R. K., Arrighi, J., Cullen, H. (2017): »Rapid attribution of the August 2016 flood-inducing extreme precipitation in south Louisiana to climate change«, in: *Hydrol. Earth Syst. Sci.*, 21, S. 897–921, doi:10.5194/hess-21-897-2017 (abgerufen am 22. 09. 2018).

第二章 播下怀疑种子的人：气候怀疑论者

1. SUPREME COURT OF THE STATE OF NEW YORK COUNTY OF NEW YORK (2018): PEOPLE OF THE STATE OF NEW YORK, By BARBARA D. UNDERWOOD, Attorney General of the State of New York, Plaintiff, –against–EXXON MOBIL CORPORATION, Defendant, https://ag.ny.gov/sites/default/files/summons_and_complaint_0.pdf (abgerufen am 29. 10. 2018).

2. Attorney General Barbara D. Underwood: A.G. Underwood Files Lawsuit Against Exxonmobil For Defrauding Investors Regarding Financial Risk The Company Faces From Climate Change Regulations, 24. Oktober 2018, https://ag.ny.gov/press-release/

ag-underwood-files-lawsuit-against-exxonmobil-defrauding-investors-regarding-financial (abgerufen am 29. 10. 2018).

3. Schwartz, J.: »New York Sues Exxon Mobil, Saying It Deceived Shareholders on Climate Change«, in: *New York Times*, 24. Oktober 2018, https://www.nytimes.com/2018/10/24/climate/exxon-lawsuit-climate-change.html (abgerufen am 29. 10. 2018).

4. Supran, G., Oreskes, N. (2017): »Assessing ExxonMobil's climate change communications (1977–2014)«, in: *Environmental Research Letters*, 12, 8, 23. August 2017, http://iopscience.iop.org/article/10.1088/1748-9326/aa815f (abgerufen am 22. 09. 2018); Union of Concerned Scientists: »Smoke, Mirror, and Hot Air«, https://www.ucsusa.org/sites/default/files/legacy/assets/documents/global_warming/exxon_report.pdf (abgerufen am 22. 09. 2018).

5. Climatefiles: »1982 Exxon Presentation on ›CO_2 Greenhouse Effect‹ and Exxon Climate Modeling«, http://www.climatefiles.com/exxonmobil/august-24-1982-exxon-presentation-on-co$_2$-greenhouse-effect-and-exxon-climate-modeling/ (abgerufen am 22. 09. 2018).

6. Supran, G., Oreskes, N.: »Assessing ExxonMobil's climate change communications (1977–2014)«, in: *Environmental Research Letters*, 12, 8, 23. August 2017, http://iopscience.iop.org/article/10.1088/1748-9326/aa815f/meta (abgerufen am 22. 09. 2018).

7. Jacques, P. J., Dunlap, R. E., Freeman, M. (2008): »The organisation of denial: Conservative think tanks and environmental scepticism«, in: *Environmental Politics*, 17, 3, S. 349–385, https://www.tandfonline.com/doi/pdf/10.1080/09644010802055576 (abgerufen am 22. 09. 2018).

8. Competitive Enterprise Institute: »Global Warming–Energy«, https://www.youtube.com/watch?v=7sGKvDNdJNA (abgerufen am 22. 09. 2018).

9. Littlemore, R.: »Heartland Insider Exposes Institute's Budget and Strategy«, DeSmogBlog, 14. Februar 2012, https://www.desmogblog.com/heartland-insider-exposes-institute-s-budget-and-strategy (abgerufen am 22. 09. 2018).

10. Oreskes, N., Conway, E. M. (2010): *Merchants of Doubt: How a Handful of Scientists Obscured the Truth on Issues from Tobacco Smoke to Global Warming*, Bloomsbury Press, London.

11. Brulle, R. J. (2013): »Institutionalizing delay: foundation funding and the creation of U.S. climate change counter-movement organizations«, in: *Climatic Change*, 122, 4, S. 681–694, https://link.springer.com/article/10.1007/s10584-013-1018-7 (abgerufen am

22. 09. 2018).

12. Jacques, P. J., Dunlap, R. E., Freeman, M. (2008): »The organisation of denial: Conservative think tanks and environmental scepticism«, in: *Environmental Politics*, 17, 3, S. 349–385, https://www.tandfonline.com/doi/pdf/10.1080/09644010802055576 (abgerufen am 22. 09. 2018).

13. Lewandowsky, S., Oberauer, K. (2016): »Motivated Rejection of Science«, in: *Current Directions in Psychological Science*, 25, 4, S. 217–222, http://journals.sagepub.com/doi/abs/10.1177/0963721416654436 (abgerufen am 22. 09. 2018).

14. Jacques, P. J., Dunlap, R. E., Freeman, M. (2008): »The organisation of denial: Conservative think tanks and environmental scepticism«, in: *Environmental Politics*, 17, 3, S. 349–385, https://www.tandfonline.com/doi/pdf/10.1080/09644010802055576 (abgerufen am 22. 09. 2018).

15. Media Research Center: »Has CNN Warped Meteorologist Chad Myer's View on Climate Change?«, https://www.mrc.org/articles/has-cnn-warped-meteorologist-chad-myers-view-climate-change (abgerufen am 22. 09. 2018).

16. Sweney, M.: »BBC Radio 4 broke accuracy rules in Nigel Lawson climate change interview«, in: *The Guardian*, 9. April 2018, https://www.theguardian.com/environment/2018/apr/09/bbc-radio-4-broke-impartiality-rules-in-nigel-lawson-climate-change-interview (abgerufen am 22. 09. 2018).

17. Vidal, J.: »Revealed: how oil giant influenced Bush«, in: *The Guardian*, 8. Juni 2005, https://www.theguardian.com/news/2005/jun/08/usnews.climatechange (abgerufen am 22. 09. 2018).

18. Krugman, P.: »Enemy of the Planet«, in: *New York Times*, 17. April 2006, https://www.nytimes.com/2006/04/17/opinion/enemy-of-the-planet.html (abgerufen am 22. 09. 2018).

19. International Energy Agency: *World Energy Outlook 2012*, http://217www.iea.org/publications/freepublications/publication/English.pdf (abgerufen am 22. 09. 2018).

20. United Nations, Framework Convention on Climate Change: *Adoption of the Paris Agreement*, 12. Dezember 2015, https://unfccc.int/resource/docs/2015/cop21/eng/l09.pdf (abgerufen am 22. 09. 2018).

21. »Rechter Unions-Flügel folgt Trump«, Klimaretter.Info, 4. Juni 2017, http://www.klimaretter.info/politik/nachricht/23221-rechter-unions-fluegel-folgt-trumps-klimakurs (abgerufen am 22. 09. 2018).

22. Fischedick, M., Görner, K., Thomeczek, M. (2015): *CO$_2$: Abtrennung, Speicherung, Nutzung: Ganzheitliche Bewertung von Energiewirtschaft und Industrie*, Springer,

注 释

Heidelberg, S. 823.

23. Global Carbon Project: Global Carbon Budget, http://www.globalcarbonproject.org/carbonbudget/ (abgerufen am 22. 09. 2018).

24. Samenow, J.: »60 inches of rain fell from Hurricane Harvey in Texas, shattering U.S. storm record«, in: *Washington Post*, 22. September 2017, https://www.washingtonpost.com/news/capital-weather-gang/wp/2017/08/29/harvey-marks-the-most-extreme-rain-event-in-u-s-history/?noredirect=on&utm_term=.e9d30e83edfe (abgerufen am 22. 09. 2018).

25. Chappell, B.: »National Weather Service Adds New Colors So it Can Map Harvey's Rains«, National Public Radio, 28. August 2017, https://www.npr.org/sections/thetwo-way/2017/08/28/546776542/national-weather-service-adds-new-colors-so-it-can-map-harveys-rains (abgerufen am 22. 09. 2018).

26. Malcher, I.: »Schwarze Fontäne«, in: *brandeins*, Ausgabe 3, 2016, https://www.brandeins.de/magazine/brand-eins-wirtschaftsmagazin/2016/das-neue-verkaufen/schwarze-fontaene (abgerufen am 22. 09. 2018).

27. ExxonMobil: »ExxonMobil Allocates $500 000 for Gulf Coast Community Hurricane Relief Efforts«, Presseerklärung, 25. August 2017, http://news.exxonmobil.com/press-release/exxonmobil-allocates-500000-gulf-coast-community-hurricane-relief-efforts (abgerufen am 22. 09. 2018).

28. Dessler, A.: »These guys wouldn't know science if it bit them in the ass«, 25. August 2017, https://twitter.com/AndrewDessler/status/901196840804253696 (abgerufen am 22. 09. 2018).

29. Kalhoefer, K.: »So far, ABC and NBC are failing to note the link between Harvey and climate change«, MediaMatters, 31. August 2017, https://www.mediamatters.org/blog/2017/08/31/So-far-major-broadcast-networks-are-failing-to-note-the-link-between-Harvey-and-climate-ch/217816 (abgerufen am 22. 09. 2018).

30. Mann, M.: »It's a fact: climate change made Hurricane Harvey more deadly«, in: *The Guardian*, 28. August 2017, https://www.theguardian.com/commentisfree/2017/aug/28/climate-change-hurricane-harvey-more-deadly (abgerufen am 22. 09. 2018).

31. Rice, D.: »Harvey to be costliest natural disaster in U.S. history, estimated cost of $190 billion«, in: USA *Today*, 31. August 2017, https://www.usatoday.com/story/weather/2017/08/30/harvey-costliest-natural-disaster-u-s-history-estimated-cost-160-billion/615708001/ (abgerufen am 22. 09. 2018).

第三章　气候学的革命：一场彻头彻尾的变革

1. Keim, B.: »Russian Heat Wave Statistically Linked To Climate Change«, Wired, 24. Oktober 2011, https://www.wired.com/2011/10/russian-heat-climate-change/ (abgerufen am 13. 10. 2018).

2. 科学界的一些同行对此完全不感兴趣。所以这次我们将每一个工作步骤和中期结果记录下来，对每一个模型进行详述，然后将文章提交给了专业期刊。毕竟，无论如何，这个工作我们已经完成了，而且我们也希望自己以及我们所得出的结论、采用的研究方法能够经得起同行评议的考验。

   该期刊选择了七位科学家作为审稿人，这是极不寻常的，因为通常审稿人会有两位。倘若两位审稿人意见大不相同甚至相互矛盾，才会邀请第三位审稿人加入评议工作。我和同事从未听说过邀请七位审稿人的情况。我们向出版商询问此事，她解释说，通常很难找到足够的审稿人，所以她发出邀请的数量一般是实际所需数量的三倍，预计至少会有三分之二的人拒绝。后来，她有一次过来找我们聊天，说她完全低估了这篇文章的爆炸性。

   在这些评论中，有些是非常积极的，有些虽然是批评，但确实是有理有据的。有两位审稿人拒绝评议这篇文章，理由是我们的分析工作进展得太匆忙，因而文章尚不具备发表的条件。最终，这篇文章没有发表。

   一年后，我们基于更多的观测数据和模型模拟重复进行了所有分析，得出的结论与前一次一致。这一次，审稿人很满意，该研究最终在 2017 年发表。

   我们还将三项分析研究重复做了两遍，第一遍做得比较快，第二遍使用较新的数据，做得比较缓慢，但得出的结论完全一致。

   这让我们陷入一个尴尬的境地：我们能够在短时间内量化气候变化在极端天气事件中的作用，我们的研究成果被全世界的媒体报道——而且令人惊讶地详细和准确。但是，我们依然无法说服主流气候学家相信我们所做的事情在科学上是正确的。因此，目前，我们不得不放慢传统意义上的科研步伐，尽快发展我们的研究方法。

   我们很快发现，这个新方法已经有了自己的生命力，而且势不可当：在日本和美国，极端天气事件发生后不久，归因研究就开始出现。最终，由于一个意想不到的原因，我们这一研究的严肃性最终被认可。

3. Otto, F. E. L., van der Wiel, K., van Oldenborgh, G. J., Philip, S., Kew, S. F., Uhe, P. und Cullen, H. (2017): »Climate change increases the probability of heavy rains in Northern England/Southern Scotland like those of storm Desmond–a real-time event attribution revisited«, in: *Environmental Research Letters*, 13, 024006.

4. Fountain, H.: »Looking, Quickly for the Fingerprints of Climate Change«, in: *The New York Times*, 1. August 2016, https://www.nytimes.com/2016/08/02/science/looking-quickly-for-the-fingerprints-of-climate-change.html (abgerufen am 13. 10. 2018).

5. 迄今为止，呼声最高的人之一是受人尊敬的气候学家凯文·特伦伯斯，他来自科罗拉多州博尔德。他认为，"气候模型并不总是能够模拟动态效应，即大气环流的变化，因此（依赖气候模型）可能会使我们低估气候变化的影响"。

6. Lusk, G. (2017): »The social utility of event attribution: liability, adaptation, and justice-based loss and damage«, in: *Climatic Change*, 143, S. 201–212.

7. Davidson Sorkin, A.: »What has Hurricane Harvey Taught Donald Trump in Texas?«, in: *New Yorker*, 29. August 2017, https://www.newyorker.com/news/daily-comment/what-did-donald-trump-learn-in-texas (abgerufen am 13. 10. 2018).

8. Boburg, S., Reinhard, B.: »Houstons ›Wild West‹ growth«, in: *The Washington Post*, 29. August 2017, https://www.washingtonpost.com/graphics/2017/investigations/harvey-urban-planning/?utm_term=. df2a2a3793bd (abgerufen am 13. 10. 2018).

9. »Hurrican Harvey–Red Cross on the Scene«, 30. August 2017, https://www.redcross.org/about-us/news-and-events/news/Hurricane-Harvey-Red-Cross-on-the-Scene.html (abgerufen am 6. 11. 2018).

第四章　人的因素：考量气候变化对天气的影响

1. https://www.oldweather.org/ (abgerufen am 6. 11. 2018).

2. http://www.geog.ox.ac.uk/research/climate/rms/about.html (abgerufen am 6. 11. 2018).

3. Schaller, N., Kay, A. L., Lamb, R., Massey, N. R., van Oldenborgh, G. J., Otto, F. E. L. et al. (2016): »Human influence on climate in the 2014 southern England winter floods and their impacts«, in: *Nature Climate Change*, 6, S. 627–634.

4. Carbon Brief: »How do climate models work?«, 15. Januar 2018, https://www.carbonbrief.org/qa-how-do-climate-models-work (abgerufen am 13. 10. 2018).

5. 该方程尚无通解，是否存在唯一解，也是数学中的一大未解问题。然而，要使用这个方程来模拟天气，我们不需要一个适用于任何时间、任何地点、任一分子（无论多么小）的通解。相反，我们寻找的是一种足够准确的解决方案，能够合理、正确地描述空气的流动，但同时计算量又不会太大，否则计算整个大气层的成本太高。实现这种平衡并不容易，世界上所有气候数据中心都在他们的模型中尝试不同的解决方案。

6. Box, George E. P. (1976): »Science and Statistics«, in: *Journal of the American*

Statistical Association, 71, 356, S. 791–799.

7. https://www.climateprediction.net/ (abgerufen am 6. 11. 2018).

第五章　热浪、强降雨及其他：天气中的气候变化这么多

1. Gunkel, C.: »Die vergessene Jahrhundertkatastrophe«, *Spiegel Online*, 31. Juli 2013, http://www.spiegel.de/einestages/jahrhundertsommer-2003-eine-der-groessten-naturkatastrophen-europas-a-951214.html (abgerufen am 13. 10. 2018).

2. Robine, J. M., Cheung, S. L., Le Roy, S., van Oyen, H., Herrmann, F. R. (2007): »Report on excess mortality in Europe during summer 2003«, EU Community Action Programme for Public Health, http://ec.europa.eu/health/ph_projects/2005/action1/docs/action1_2005_a2_15_en.pdf (abgerufen am 6. 11. 2018).

3. 这是基于日平均气温的极端程度来命名的。

4. O. V.: »Zahl der Hitzetoten steigt auf 1800«, in: *Zeit Online*, 29. Mai 2015, https://www.zeit.de/gesellschaft/zeitgeschehen/2015-05/hitzewelle-indien-tote (abgerufen am 13. 10. 2018).

5. Peterson, T. C. et al. (2012): »Explaining Extreme Events of 2011 from a Climate Perspective«, in: *Bulletin of the American Meteorological Society*, 93, 7, S. 1041–1067, https://journals.ametsoc.org/doi/full/10.1175/BAMS-D-12-00021.1.

6. Subramanian, M.: »In Georgia's Peach Orchlands, Warm Winters Raise Specter of Climate Change«, Inside Climate News, 31. August 2017, https://insideclimatenews.org/news/31082017/climate-change-georgia-peach-harvest-warm-weather-crop-risk-farmers (abgerufen am 13. 10. 2018).

7. Trump, D., Twitter vom 28. Dezember 2017, https://twitter.com/realDonaldTrump/status/946531657229701120?ref_src=twsrc%5Etfw&ref_url=http%3A%2F%2F www.klimaretter.info%2Fpolitik%2Fnachricht%2F24101-trump-versteht-klimawandel-nicht (abgerufen am 6. 11. 2018).

8. van Oldenborgh, G. J., Philip, S., Kew, S., van Weele, M., Uhe, P., Otto, F. et al. (2018): »Extreme heat in India and anthropogenic climate change«, in: *Natural Hazards and Earth System Sciences*, 18, 1, S. 365–381.

9. Hermann, B.: »Fluch der Karibik«, in: *Süddeutsche Zeitung*, 13. Oktober 2017, http://www.sueddeutsche.de/panorama/naturkatastrophen-fluch-der-karibik-1.3707936?reduced=true (abgerufen am 13. 10. 2018).

第六章　失败的城市规划：气候变化如何报复轻敌的人类

1. Amadeo, K.: »Hurricane Harvey Facts, Damage and Costs«, The Balance, 21. Oktober 2018, https://www.thebalance.com/hurricane-harvey-facts-damage-costs-4150087 (abgerufen am 19. 9. 2017).

2. Collier, K., Satja, N.: »A year before Harvey, Houston-area flood control chief saw no ›looming issues‹«, in: *The Texas Tribune*, 7. September 2018, https://www.texastribune.org/2017/09/07/conversation-former-harris-county-flood-control-chief/ (abgerufen am 17. 9. 2018).

3. Coy, P., Flavelle, C.: »Harvey Wasn't Just Bad Weather. It Was Bad City Planning«, Bloomberg, 31. August 2017, https://www.bloomberg.com/news/features/2017-08-31/a-hard-rain-and-a-hard-lesson-for-houston (abgerufen am 17. 9. 2018).

4. Wallace, T., Watkins, D., Park, H., Singhvi, A., Williams, J.: »How one Houston Suburb Ended Up in a Reservoir«, in: *New York Times*, 22. März 2018, https://www.nytimes.com/interactive/2018/03/22/us/houston-harvey-flooding-reservoir.html (abgerufen am 4. 10. 2018).

5. Sims, S.: »The U.S. Flooded One of Houston's Richest Neighborhoods to Save Everyone Else«, Bloomberg Businessweek, 16. November 2017, https://www.bloomberg.com/news/features/2017-11-16/the-u-s-flooded-one-of-houston-s-richest-neighborhoods-to-save-everyone-else (abgerufen am 4. 10. 2018).

6. Boburg, S., Reinhard, B.: »Houston's ›Wild West‹ Growth«, in: *Washington Post*, 29. August 2017, https://www.washingtonpost.com/graphics/2017/investigations/harvey-urban-planning/ (abgerufen am 17. 9. 2018).

7. Ebd.

8. Wang, S.-Y. S., Zhao, L., Yoon, J.-H., Klotzbach, P., Gillies, R. R. (2018): »Quantitative attribution of climate effects on Hurricane Harvey's extreme rainfall in Texas«, in: *Environmental Research Letters*, 13, 5, 054014.

9. O. V.: »Studies: Warming made Harvey's deluge 3 times more likey«, Breitbart, 14. Dezember 2017, https://www.breitbart.com/news/studies-warming-made-harveys-deluge-3-times-more-likely/ (abgerufen am 19. 9. 2018).

10. Achenbach, J.: »Global warming boosted Hurricane Harvey's rainfall by at least 15 percent, studies find«, in: *Washington Post*, 13. Dezember 2017, https://www.washingtonpost.com/news/post-nation/wp/2017/12/13/global-warming-boosted-hurricane-harveys-rainfall-by-at-least-15-percent-studies-find/?noredirect=on&utm_

term=.5ba9b25a3c3d (abgerufen am 19. 9. 2018).

11. Boburg. S., Reinhard, B.: »Houston's ›Wild West‹ Growth«, in: *Washington Post*, 29. August 2017, https://www.washingtonpost.com/graphics/2017/investigations/harvey-urban-planning/ (abgerufen am 17. 9. 2018)

12. Durkin, E.: »North Carolina didn't like science on sea levels … so passed a law against it«, in: *The Guardian*, 12. September 2018, https://www.theguardian.com/us-news/2018/sep/12/north-carolina-didnt-like-science-on-sea-levels-so-passed-a-law-against-it (abgerufen am 19. 9. 2018).

13. Pilkey, O. P.: »Sea-level rise is here. North Carolina needs to act«, in: *The News & Observer*, 7. September 2018, https://www.newsobserver.com/latest-news/article217954910.html (abgerufen am 19. 9. 2018).

14. Widmann, E.: »Sturm ›Florence‹ überschwemmt den Südosten der USA–mindestens 30 Tote«, in: *Neue Zürcher Zeitung*, 18. September 2018, https://www.nzz.ch/panorama/sturm-florence-ueberschwemmt-den-suedosten-der-usa-mindestens-17-tote-ld.1420597 (abgerufen am 17. 10. 2018).

15. Stott, P. A., Stone, D. A., Allen, M. R. (2004): »Human contribution to the European heatwave of 2003«, in: *Nature*, 432, 7017, S. 610–614.

16. Anderson, S. E. et al. (2018): »The dangers of disaster-driven responses to climate change«, in: *Nature Climate Change*, https://www.nature.com/articles/s41558-018-0208-8.epdf?author_access_token=o-OJoCZXBaaC3NHFvqyGI9RgN0jAjWel9j nR3ZoTv0NEYDogIzuDPWCNbGmQ7dxLdrjhlnBB4rQ-GzW9As05lm2ozMd-tijquba5PQVvO74dAlFV0W-BG3UEZ-kFmO7h48z8Zpfjf2cZROqrepsrKA%3D%3D (abgerufen am 17. 10. 2018).

17. 如果不考虑英国气象局的话——他们虽然有这个条件，但他们只用于研究，不做实时分析。

18. Schiermeier, Q.: »Droughts, heatwaves and floods: How to tell when climate change is to blame«, in: *Nature Magazine*, 30. Juli 2018, https://www.nature.com/articles/d41586-018-05849-9 (abgerufen am 6. 11. 2018).

19. King, A. D., Harrington, L. J. (2018): »The inequality of climate change from 1.5 to 2°C of global warming«, in: *Geophysical Research Letters*, 45, S. 5030–5033, https://doi.org/10.1029/2018GL078430.

注 释

1. Deutsche Gesellschaft für Internationale Zusammenarbeit (2017): »Climate change realities in Small Island Developing States«, https://www.adaptationcommunity.net/wp-content/uploads/2017/05/Grenada-Study.pdf (abgerufen am 17. 10. 2018).

2. Hier: Synonym für die traditionellen Industrieländer.

3. World Bank (2011): »Designing Climate Change Adaption Policies: An Economic Framework«, https://openknowledge.worldbank.org/handle/10986/3335 (abgerufen am 17. 10. 2018); World Bank (2017): »Unbreakable: Building the Resilience of the Poor in the Face of Natural Disasters«, https://openknowledge.worldbank.org/handle/10986/25335 (abgerufen am 17. 10. 2018); World Bank (2016): »Shock Waves: Managing the Impacts of Climate Change on Poverty«, https://openknowledge.worldbank.org/handle/10986/22787 (abgerufen am 17. 10. 2018).

4. UN (2018): »Climate Action«, https://www.un.org/sustainabledevelopment/climate-action/ (abgerufen am 17. 10. 2018).

5. Oxfam (2017): »A climate in crisis«, https://www.oxfam.org/sites/www.oxfam.org/files/mb-climate-crisis-east-africa-drought-270417-en.pdf (abgerufen am 21. 9. 2018).

6. Adhikari, U., Nejadhashemi, P., Woznicki, S. A. (2015): »Climate change and eastern Africa: a review of impact on major crops«, in: *Food and Energy Security*, 4, 2, https://onlinelibrary.wiley.com/doi/full/10.1002/fes3.61 (abgerufen am 17. 10. 2018).

7. Wanzala, J.: »Irrigation on rise in Africa as farmers face erratic weather«, Reuters, 9. September 2016, https://www.reuters.com/article/us-africa-irrigation-farming/irrigation-on-rise-in-africa-as-farmers-face-erratic-weather-idUSKCN11F2DT (abgerufen am 17. 10. 2018).

8. Uhe, P., Philip, S., Kew, S., Shah, K., Kimutai, J., Mwangi, E., van Oldenborgh, G., Singh, R., Arrighi, J., Jjemba, E., Cullen, H., Otto, F. (2018): »Attributing drivers of the 2016 Kenyan drought«, in: *International Journal of Climatology*, 38, S1, https://rmets.onlinelibrary.wiley.com/doi/10.1002/joc.5389 (abgerufen am 6. 11. 2018); Philip, S., Kew, S. F., van Oldenborgh, G., Otto, F., O'Keefe, S., Haustein, K., King, A., Segele, A., Eshetu, Z., Hailemariam, K., Singh, R., Jjemba, E., Funk, C., Cullen, H. (2018): »Attribution analysis of the Ethiopian drought of 2015«, in: *American Meteorological Society, Journal of Climate*, 31, 6, S. 2465–2486.

9. Eriksen, S., Marin, A. (2015): »Sustainable adaptation under adverse development? Lessons from Ethiopia«, in: Inderberg, T. H., Eriksen, S. H., O'Brien, K., Sygna, L.

(Hrsg.): *Climate Change Adaptation and Development: Transforming Paradigms and Practices*, Oxford: Routledge, S. 178–199.

10. Otto, F., van Aalst, M.: »Droughts in East Africa: some headway in unpacking what's causing them«, The Conversation, 11. Juli 2017, https://theconversation.com/droughts-in-east-africa-some-headway-in-unpacking-whats-causing-them-75476 (abgerufen am 17. 10. 2018).

11. Chemweno, B.: »Climate Scientists warn of worse drought situation ahead«, Standard Digital, 23. März 2017, https://www.standard media.co.ke/business/article/2001233757/climate-scientists-warn-of-worse-drought-situation-ahead (abgerufen am 17. 10. 2018).

12. BNP Paribas: »Climate change: simulating effective adaptation programs in Africa«, 1. Dezember 2017, https://group.bnpparibas/en/news/climate-change-stimulating-effective-adaptation-programs-africa (abgerufen am 17. 10. 2018).

13. Oxfam (2017): »A climate in crisis«, https://www.oxfam.org/sites/www.oxfam.org/files/mb-climate-crisis-east-africa-drought-270417-en.pdf (abgerufen am 21. 9. 2018).

14. Klepp, S. (2017): »Climate Change and Migration«, Climate Science, http://climatescience.oxfordre.com/view/10.1093/acrefore/9780190228620.001.0001/acrefore-9780190228620-e-42 (abgerufen am 17. 10. 2018).

15. Studien greifen auf globale, langfristige Einschätzungen wie die IPCC-Berichte oder den *Stern Review. The Economics of Climate Change* von 2007 zurück, in denen globale Kosten und Auswirkungen des Klimawandels geschätzt wurden.

16. Bedarff, H., Jakobeit, C. (2017): »Climate Change, Migration, and Displacement«, Greenpeace, https://www.greenpeace.de/sites/www.greenpeace.de/files/20170524-greenpeace-studie-climate-change-migration-displacement-engl.pdf (abgerufen am 17. 10. 2018).

17. Chari, M. (2016): »No water, no work: Why drought migrants in Mumbai are reluctant to go home«, Scroll.in, https://scroll.in/article/809010/no-water-no-work-why-drought-migrants-in-mumbai-are-reluctant-to-go-home (abgerufen am 21. 9. 2018).

第八章　公正问题：如果气候变化的代价被周知，工业化国家要首先负责

1. 对于"损失和损害"到底是什么，存在一些分歧。大多数关于该主题的科学文章都谈到了损失和损害。这些损失和损害既没有因国际社会温室气体排放的骤降而减少，也没有因采取适应气候变化的措施而被避免。

2. 哈克还是伦敦国际环境与发展研究所的高级科学家。

3. Philip, S., Sparrow, S., Kew, S. F., van der Wiel, K., Wanders, N., Singh, R., Hassan, A., Mohammed, K., Javid, H., Haustein, K., Otto, F. E. L., Hirpa, F., Rimi, R. H., Islam, A. S., Wallom, D. C. H., van Oldenborgh, G. J.: »Attributing the 2017 Bangladesh floods from meteorological and hydrological perspectives«, in: *Hydrol. Earth Syst. Sci. Discuss.*, https://doi.org/10.5194/hess-2018-379, in review, 2018.

4. Cornwall, W.: »As sea level rise, Bangladeshi islanders must decide between keeping the water out–or letting it in«, in: *Science Mag.*, 1. März 2018, http://www.sciencemag.org/news/2018/03/sea-levels-rise-bangladeshi-islanders-must-decide-between-keeping-water-out-or-letting (abgerufen am 26. 9. 2018).

5. Ward, P. D. (2008): *Under a green sky: Global Warming, the Mass Extinctions of the Past, and What They Can Tell Us About Our Future*, Harper Perennial.

6. »A New Take on the World's Carbon Footprint (Graphic)«, Treehugger, https://www.treehugger.com/corporate-responsibility/a-new-take-on-the-worlds-carbon-footprint-graphic.html (abgerufen am 6. 11. 2018).

7. 根据《自然》杂志的统计，大约有 190 篇论文研究了气候变化对当时当地造成实际损害的天气事件的影响。Schiermeier, Q.: »Droughts, heatwaves and floods: How to tell when climate change is to blame«, in: *Nature Magazine*, 30. Juli 2018, https://www.nature.com/articles/d41586-018-05849-9 (abgerufen am 6. 11. 2018).

8. https://unfccc.int/sites/default/files/english_paris_agreement.pdf (abgerufen am 22. 11. 2018).

9. 《巴黎协定》第 52 段明确指出，其中第八条所指的对损失和损害的"支援"不是指赔偿。

10. United Nations, Framework Convention on Climate Change: »Approaches to address loss and damage associated with climate change impacts in developing countries that are particularly vulnerable to the adverse effects of climate change to enhance adaptive capacity«, 15. November 2012, https://unfccc.int/resource/docs/2012/sbi/eng/inf14.pdf (abgerufen am 6. 11. 2018).

11. James, R., Otto, F., Parker, H., Boyd, E., Cornforth, R., Mitchell, D. and Allen, M. (2015): »Characterizing *loss and damage* from climate change«, in: *Nature Climate Change*, 4, S. 938 f.

12. 在被秘书处当面告知没有定义之后，我们试图在社会科学家埃米莉·博伊德的带领下找出联合国气候谈判中不同参与者对该术语的定义，以及我们的解读是否存在某种非常特殊的意义。与其他科学的问题一样，这个问题的答案并不像我们所想的那么简单。当我们对政治家、科学家和其他专家关于"损失和损害"一词

愤怒的天气

的理解进行分类后，发现了四种截然不同的解释，但我们也无法完全清楚地将它们区分开来。最接近小岛屿国家原初设想的定义是：因人为气候变化被破坏的且不可挽回的生存空间、文化以及其他重要的非物质资产的损失。对该术语的解释容易与气候适应性措施要解决的气候变化的后果混为一谈：某些因特定天气事件引起的风险变化，甚至是因环境因素引起的风险变化。这些变化与气候变化无关，或者至少与科学证据无关，与人为气候变化之间也没有明确的因果关系。根据这种解释，用于损失和损害的资金很难与用于适应气候变化以及其他一般发展援助的资金区分开来。这两种解释以及两者之间的细微差别几乎都与《巴黎协定》一致，只是明确规定不会给予补偿。因此，最接近原始想法的解释与协议中的实际内容是背道而驰的。Boyd et al. (2017): »A typology of loss and damage perspectives«, in: *Nature Climate Change*, 7, S. 723–729, https://www.nature.com/articles/nclimate3389 (abgerufen am 5. 11. 2018).

13. Piper, N.: »Wie Ökonomen die Folgen des Klimawandels vorausdachten«, in: *Süddeutsche Zeitung*, 8. Oktober 2018, https://www.sueddeutsche.de/wirtschaft/nobelpreis-wie-oekonomen-die-folgen-des-klimawandels-vorausdachten-1.4160929 (abgerufen am 30. 10. 2018).

14. Carbon Pricing Leadership Coalition (2017): »More than eightfold leap over four years in global companies pricing carbon into business plans«, https://www.carbonpricingleadership.org/news/cdp-report-2017 (abgerufen am 28. 9. 2018).

15. Frame, D., Rosier, S., Carey-Smith, T., Harrington, L., Dean, S., Noy, I. (2018): »Estimating financial costs of climate change in New Zealand«, New Zealand Climate Research Institute and NIWA, https://treasury.govt.nz/publications/commissioned-report/estimating-financial-costs-climate-change-nz (abgerufen am 6. 11. 2018).

16. Energy & Climate (2017): »Heavy Weather«, https://eciu.net/reports/2017/heavy-weather (abgerufen am 18. 10. 2018).

17. 我们从未想过将这些数字所依据的归因研究作为此类计算的基础。如果从一开始就打定主意这样做，那么计算方法当然可以改进。

18. 自然灾害所造成的损失，无论其原因为何，往往都属于《仙台减灾框架》等其他协定的范围。

19. 2015 年，在德国巴伐利亚州北部的埃尔茂举行的 G7 峰会上，工业化国家发起了气候风险保险倡议，除德国等国家参加外，一些开发银行、社会组织和保险公司（如安联集团、慕尼黑再保险公司、瑞士再保险公司）也参与其中。2017 年 11 月，在波恩举行的联合国气候变化大会上，该倡议正式启动，目标是到 2020 年，让世界上最贫穷国家的 4 亿人获得气候风险保险。

注 释　　　　　　　　　　　　　　　　　　　　　191

20. 事实上，如果这些保险公司确实觉得有利可图，只是因为像德国这样的国家或世界银行这样的大机构捐助了大笔资金。

第九章　关于责任的世界性辩论：被告席上的国家和企业

1. O. V.: »Gericht fällt historisches Urteil. Kolumbien muss Rodungen im Amazonas-Regenwald stoppen«, energiezukunft, 12. April 2018, https://www.energiezukunft.eu/umweltschutz/kolumbien-muss-rodungen-im-amazonas-regenwald-stoppen/ (abgerufen am 6. 11. 2018).

2. Republica de Colombia, Corte Suprema de Justicia (2018): STC4360-2018, Radicacion n.° 11001-22-03-000-2018-00319-01, https://www.dejusticia.org/wp-content/uploads/2018/01/Fallo-Corte-Suprema-de-Justicia-Litigio-Cambio-Clim%C3%A1tico.pdf?x54537 (abgerufen am 29. 9. 2018).

3. O. V.: »Weltweiter CO$_2$-Ausstoß steigt wieder«, in: *Zeit Online*, 13. November 2017, https://www.zeit.de/wissen/umwelt/2017-11/co$_2$-ausstoss-anstieg-klimawandel-fossile-brennstoffe-global-carbon-project (abgerufen am 3. 10. 2018).

4. 儿童和青少年的控诉通常是在与环境保护组织的合作下完成的。这些组织向他们提供关于法律程序的专业知识，为其出谋划策，但同时也会将这些诉讼为己所用。

5. O. V: »The Urgenda Climate Case Against the Dutch Government«, Urgenda, 9. Oktober 2018, http://www.urgenda.nl/en/themas/climate-case/ (abgerufen am 6. 11. 2018).

6. 该青少年联盟的第一起诉讼被华盛顿州金县最高法院驳回，但其他八个州和联邦一级法院对该诉讼仍在审理中。该组织得到了"我们的儿童信托"组织的支持，并至少取得了一项成功：特朗普政府曾试图在早期阶段阻止该诉讼，但旧金山的一家上诉法院于2018年春季驳回了相应的申请。von Brackel, B. (2018): »Klimaklage abgewiesen«, Klimareporter°, https://www.klimareporter.de/international/klimaklage-abgewiesen (abgerufen am 4. 10. 2018).

7. Farand, C. (2018): »Nine-year-old girl files lawsuit against Indian Government over failure to take ambitious climate action«, in: *The Independent*, https://www.independent.co.uk/environment/nine-ridhima-pandey-court-case-indian-government-climate-change-uttarakhand-a7661971.html (abgerufen am 4. 10. 2018).

8. 2018年，这些诉讼在纽约、旧金山和奥克兰被驳回，理由是国会而非法院拥有管辖权。各个州都想提出上诉。Kusnetz, N., Hasemyer, D. (2018): »Judge dismisses

New York City Climate Lawsuit Against 5 Oil Giants«, Inside Climate News, https://insideclimatenews. org/news/19072018/judge-dismisses-nyc-climate-change-law-suit-oil-industry-global-warming-adaptation-costs (abgerufen am 3. 10. 2018); Hasemyer, D. (2018): »2 City Lawsuits Against Big Oil Dismissed, But That's Not the End of It«, Inside Climate News, https://insideclimatenews.org/news/26062018/ california-cities-climate-change-lawsuits-dismissed-fossil-fuels-industry-rising-sea-levels (abgerufen am 3. 10. 2018).

2018 年 7 月, 巴尔的摩在一个类似的案件中起诉了 26 家化石燃料公司。原告认为他们的胜算更大, 因为他们的案件在州一级法院而不是联邦法院审理。他们起诉的依据是气候中心的一项研究, 该研究计算出, 由于海平面上升, 当地洪水发生的概率已经增加了五分之一。https://law.baltimorecity.gov/sites/default/files/ Climate%20Change%20Complaint.pdf (abgerufen am 4. 10. 2018).

9. Maier, F. (2018): »Klimaklage von EU-Gericht zugelassen«, Klimareporter°, https:// www.klimareporter.de/europaische-union/klima-klage-von-eu-gericht-zugelassen (abgerufen am 3. 10. 2018).

10. https://klimaseniorinnen.ch/ (abgerufen am 3. 10. 2018).

11. Sabin Center for Climate Change Law, http://climatecasechart.com/about/ (abgerufen am 3. 10. 2018).

12. Grantham Research Institute on Climate Change and the Environment: »Climate Change Laws of the World«, http://www.lse.ac.uk/GranthamInstitute/climate-change-laws-of-the-world/ (abgerufen am 6. 11. 2018).

13. Joeres, A., von Brackel, B., Götze, S. (2017): »Der Klimaschmutzplan«, Correctiv, https://correctiv.org/recherchen/klima/artikel/2017/09/11/warum-die-bundesregierung-ihre-klimaziele-verfehlt/ (abgerufen am 30. 9. 2018).

14. Staude, J. (2018): »Cañete gibt Klimaziel auf«, Klimareporter°, https://www. klimareporter.de/europaische-union/canete-gibt-45-prozent-ziel-auf (abgerufen am 1. 10. 2018).

15. Bethge, P.: »Drei Bauernfamilien verklagen die Bundesregierung«, in: *Der Spiegel*, 26. Oktober 2018, http://www.spiegel.de/wissenschaft/natur/klima-klage-gegen-bundesregierung-a-1235300.html (abgerufen am 29. 10. 2018).

16. 此外, 还有其他成功的诉讼, 其中大部分涉及特定的工程项目, 例如机场扩建、矿山或发电厂建设。律师将这些项目与气候变化联系起来。在奥地利, 一条新的机场起降跑道的建设被阻止, 理由是这会导致维也纳机场的空中交通更加繁忙, 从而阻碍国家气候保护目标的实现。

注 释

17. Umweltprogramm der Vereinten Nationen (2017): »Klimawandel vor Gericht–ein globaler Überblick«, https://wedocs.unep.org/bitstream/handle/20.500.11822/20767/The%20Status%20of%20 Climate%20Change%20Litigation%20-%20A%20 Global%20Review%20-%20UN%20Environment%20-%20May%202017%20-%20DE. pdf?sequence=4&isAllowed=y (abgerufen am 6. 11. 2018).

18. von Brackel, B. (2018): »Dunkle Zeiten für Klimaschutz«, Klimareporter, https://www. klimareporter.de/international/dunkle-zeiten-fuer-us-klimaschutz (abgerufen am 30. 9. 2018).

19. UNITED STATES DISTRICT COURT FOR THE NORTHERN DISTRICT OF CALIFORNIA OAKLAND DIVISION(2009): NATIVE VILLAGE OF KIVALINA, and CITY OF KIVALINA, Plaintiffs, vs. EXXONMOBIL CORPORATION, et al., Defendants, http://www.shopfloor.org/wp-content/uploads/kivalina-order-granting-motions-to-dismiss.pdf (abgerufen am 5. 11. 2018).

20. Barringer, F. (2008): »Flooded Village File Suit, Citing Corporate Link to Climate Change«, in: *The New York Times*, 27. Februar 2008, https://www.nytimes. com/2008/02/27/us/27alaska.html?_r=1&oref=slogin (abgerufen am 1. 10. 2018).

21. Coen, A.: »Hält dieser Mann den Klimawandel auf?«, in: *Die Zeit*, 7. Juni 2017, https:// www.zeit.de/2017/24/rwe-klimawandel-klage-bauer-erderwaermung/komplettansicht (abgerufen am 27. 10. 2018).

22. Nugent, C.: »Climate Change Could Destroy This Peruvian Farmer's Home. Now He's Suing a European Energy Company For Damages«, in: *Time*, 5. Oktober 2018, http:// time.com/5415225/rwe-lliuya-climate-change/ (abgerufen am 27. 10. 2018).

23. Die Germanwatch nahestehende Stiftung Zukunftsfähigkeit trägt die Anwalts-und Gerichtskosten.

24. Müller, B. (2017): »Peruanischer Bauer bringt RWE vor Gericht«, in: *Süddeutsche Zeitung*, 30. November 2017, https://www.sueddeutsche.de/wirtschaft/klimawandel-peruanischer-bauer-bringt-rwe-vor-gericht-1.3772256 (abgerufen am 1. 10. 2018).

25. Starr, D. (2016): »Just 90 companies are to blame for most climate change, this ›carbon accountant‹ says«, in: *Science Mag.*, 25. August 2016, https://www.sciencemag.org/ news/2016/08/just-90-companies-are-blame-most-climate-change-carbon-accountant-says (abgerufen am 1. 10. 2018).

26. Ekwurzel, B., Boneham, J., Dalton, M. W., Heede, R., Mera, R. J., Allen, M. R., Frumhoff, P. C. (2017): »The rise in global atmospheric CO_2, surface temperature, and sea level from emissions traced to major carbon producers«, in: *Climatic Change*, 144, 4,

愤怒的天气

S. 579–590.

27. 由于 BUND 的起诉，明斯特高等行政法院于当年 10 月下令暂时禁止砍伐森林。该环保组织辩称，砍伐森林违犯了欧洲环境法。德国莱茵集团最早要到 2020 年才能恢复砍伐。Burger, R. (2018): »BUND erringt im Streit um Hambacher Forst weiteren Zwischenerfolg«, in: *Frankfurter Allgemeine Zeitung*, 9. Oktober 2018, http:// www.faz.net/aktuell/politik/inland/bund-erringt-bei-hambacher-forst-weiteren-zwischenerfolg-15829242.html (abgerufen am 10. 10. 2018).

28. Olszynski, M., Mascher, S., Doelle, M. (2017): »From Smokes to Smokestacks: Lessons from Tobacco for the Future of Climate Change Liability«, in: *Georgetown Environmental Law Review*, 2017, https://papers.ssrn.com/sol3/papers.cfm?abstract_ id=2957921 (abgerufen am 5. 11. 2018).

29. Marjanac, S., Patton, L., Thornton, J. (2017): »Acts of God, human influence and litigation«, in: *Nature Geoscience*, 10, S. 616–619.

30. Marjanac, S., Patton, L. (2018): »Extreme weather event attribution science and climate change litigation: an essential step in the causal chain?«, in: *Journal of Energy & Natural Resources Law*, 36, 3, S. 265–298.

31. McCormick, S. et al. (2017): »Science in litigation, the third branch of U.S. climate policy«, in: *Science*, 357, S. 979 f.

32. Marjanac, S., Patton, L. (2018): »Extreme weather event attribution science and climate change litigation: an essential step in the causal chain?«, in: *Journal of Energy & Natural Resources* Law, 36, 3, S. 265–298.

33. Skeie, R. B., Fuglestvedt, J., Berntsen, T., Peters, G. P., Andrew, R., Allen, M., Kallbekken, S. (2017): »Perspective has a strong effect on the calculation of historical contributions to global warming«, in: *Environmental Research Letters*, 12, 2, 24022.

34. 因此，所有温室气体以及包括细微颗粒物在内的其他工业排放物，在大气中都能发挥冷却降温的作用，但对于吸入它们的人类而言却有害健康。

35. Kasprak, A. (2018): »Did a 1912 Newspaper Article Predict Global Warming?«, Snopes, https://www.snopes.com/fact-check/1912-article-global-warming/ (abgerufen am 2. 10. 2018).

36. Otto, F. E. L., Skeie, R. B., Fuglestvedt, J. S., Berntsen, T., Allen, M. R. (2017): »Assigning historic responsibility for extreme weather events«, in: *Nature Climate Change*, 7, S. 757 ff.

37. 本质上，关于如何进行统计计算，我想到两种方法。这两种方法之间的统计差异相对较小，一种是参数法，另一种是非参数法。

注 释

195

38. 迄今为止，在秘鲁农民一案中，尚未找到这样的证据链，但我们对阿根廷热浪的研究表明，这种证据链是可能存在的。

39. Frame, D., Rosier, S., Carey-Smith, T., Harrington, L., Dean, S., Noy, I. (2018): »Estimating financial costs of climate change in New Zealand«, New Zealand Climate Research Institute and NIWA, https://treasury.govt.nz/sites/default/files/2018-08/LSF-estimating-financial-cost-of-climate-change-in-nz.pdf (abgerufen am 5. 10. 2018).

40. 这些概率以及因气候变化引起的概率的变化，也就是我们科学家所说的风险率，是具有不确定性的。在科学中，这是一个常态。它反映了一个事实，即没有也不可能有完美的测量数据或完美的模型。每个科学学科都是在不完整的数据集和基于假设的模型下工作的。这些假设通常是合理的，而且这些不确定的因素可以被量化。然而，这往往是所有研究中最复杂的部分。法官不是科学家，这是有原因的。虽然科学家之间比较容易达成共识，认为气候变化使某一天气事件更有可能发生，或者他们也能够确定该天气事件发生的规模，但他们很难给出准确的数字。不过，并非在所有的天气事件上都是如此。

41. 请记住：我们可以将热浪视为特定的温度值，也可以将其视为热应力。视角不同，热浪出现的概率也会发生变化。在此基础上，我们去规划相应的适应措施，是没有问题的——当涉及公共卫生保健时，你可以考虑热应力，但当涉及种植期时，则应当考虑温度值。但如果你想起诉某人，要求其赔偿损失，则可能会因对法律的解释方式不同而遇到问题。举例来说，假设一个农场主起诉一家能源公司，要求其赔偿损失，因为春季的热浪破坏了桃树的花期。假设该农场位于美国佐治亚州，这个农场主提交了一份关于该热浪的归因研究报告作为证据，将热浪定义为发生在整个州和其他东部各南方州的 5 月的极端高温天气。该归因研究报告表明，热浪出现的概率增加了 10 倍。现在，被告可以反过来提交一份归因研究报告，将该天气事件定义为佐治亚州桃子种植区 5 月最热的一天。以这种方式定义的此天气事件的研究显示，热浪出现的概率仅增加了 1 倍。可见，不确定性是如此之大，以至于不能排除概率的变化。辩护律师完全可以辩称，概率是否有所增加并不能确定，而且由于该公司只占总排放量的一小部分，因此不能确定气候变化的指征，也不能起诉该公司。为了证明出现不同的结果只是由于统计方法不同，同时证明被告的定义是错误的，我们需要异常准确的数据和概率的强变化——还有一点最为重要，即明确定义的标准。例如，在什么温度下，在什么时间段，桃花确实会枯死，等等。在两三年前，这肯定会是一个难题。今天，我们仍然没有单一的正确方法来将极端天气事件归因。但是，如今我们有足够多的好研究，这使得人们很难再将基于完全不同论点的研究作为符合科学标准的证据来引用。

　　如果确实存在有意义的定义，能够阐明气候变化是没有影响力的，或许这件事就变得困难了。关键的问题是，什么样是有意义的定义？许多包含实际案例的研究对此很有帮助。

第十章 日常生活中的气候变化：另一只眼看天气

1. Lange, J.-M., Kaden, M. (2018): »Hungersteine und Untiefen«, Sächsisches Umweltlandesamt, https://www.umwelt.sachsen.de/umwelt/wasser/download/Dokument_Hungersteine_und_Untiefen.pdf und https://www.umwelt.sachsen.de/umwelt/wasser/download/Daten_Hungersteine_und_Untiefen.pdf (abgerufen am 7. 10. 2018).

2. 在欧洲的一些地方，高温与干旱相伴而来。正是这种组合往往决定了人们是如何经历热浪的。然而，气候变化是否也使得干旱更有可能发生？对此，科学界仍有争论。这需要开展另一项归因研究，因为我们的研究只关注热浪，而不是干旱。

3. 至少在我们开展研究的那个时间点上是这样。在许多城市，到了8月份甚至会更炎热一些。

4. 我们之所以能做到这一点，是因为我们做了充分的前期工作：2018年的研究基本上是我们对地中海地区2017年夏季研究的一次重复。

5. Cockburn, H.: »Fears over climate change hit highest level in a decade following heatwave, study says«, in: *Independent*, 4. September 2018, https://www.independent.co.uk/environment/climate-change-heatwave-global-warming-opinium-poll-leo-barasi-a8522901.html (abgerufen am 6. 11. 2018).

6. 然而，我们也注意到，我们逐渐快要达到我们的极限了。当我们能够在全球范围内展示我们的工作时，那感觉确实非常美妙。但与此同时，媒体很自然地希望收到关于某地发生的极端天气事件的实时信息，好像把我们当成了一个气象服务机构。我们不是气象局，只是为数不多的几位科学家。我们领薪水也不是因为我们有义务把每一次热浪归因于气候变化。也许是时候与那些提供运营性气象服务设备的人员和机构分担工作了。

7. 下限对不同方法的依赖性较小，因此更容易明确。

8. Schiermeier, Q.: »Droughts, heatwaves and floods: How to tell when climate change is to blame«, in: *Nature Magazine*, 30. Juli 2018, https://www.nature.com/articles/d41586-018-05849-9.

9. Schaller, N., Kay, A. L., Lamb, R., Massey, N. R., van Oldenborgh, G. J., Otto, F. E. L., Sparrow, S. N., Vautard, R., Yiou, P., Ashpole, I., Bowery, A., Crooks, S. M., Haustein, K., Huntingford, C., Ingram, W. J., Jones, R. G., Legg, T., Miller, J., Skeggs, J., Wallom,

D., Weisheimer, A., Wilson, S., Stott, P. A., Allen, M. R. (2016): »Human influence on climate in the 2014 southern England winter floods and their impacts«, in: *Nature Climate Change*, 6, S. 627–634.

10. The Climate Coalition: »Game Changer. How climate change is impacting sports in the UK«, https://static1.squarespace.com/static/58b40fe1be65940cc4889d33/t/5a85c 91e9140b71180ba91e0/1518717218061/The+Climate+Coalition_Game+Changer.pdf (abgerufen am 6. 11. 2018).

11. Otto, F. E. L., van der Wiel, K., van Oldenborgh, G. J., Philip, S., Kew, S. F., Uhe, P., Cullen, H. (2018): »Climate change increases the probability of heavy rains in Northern England/Southern Scotland like those of storm Desmond–a real-time event attribution revisited«, in: *Environmental Research Letters*, 13, 2, 024006.

12. 2017 年夏天，伊比利亚半岛的干旱和极端高温尤为严重——气候变化在其中留下了明显的痕迹。

13. Samenow, J. (2017): »Former Hurricane Ophelia rocks Ireland with 100-mph wind gusts«, in: *Washington Post*, 16. Oktober 2017, https://www.washingtonpost.com/news/capital-weather-gang/wp/2017/10/16/former-hurricane-ophelia-rocks-ireland-with-100-mph-wind-gusts/?utm_term=.8438d71ffa27 (abgerufen am 9. 10. 2018).

14. 气候变化使得 2017 年夏季休斯敦降雨的概率大大增加。降雨概率的变化是如此之大，以至于它实际上明显地改变了降雨的特性。"哈维"所带来的降雨量仍然是一个极其特殊的天气事件，因为它本身在过去和现在都是极不可能发生的天气事件。"哈维"案例中唯一相关的问题是类似的结果是否适用于不那么极端的天气事件。我和同事对"哈维"的研究表明，情况确实如此。

后记

1. Simon, F.: »›Bad news‹ and ›despair‹: Global carbon emissions to hit new record in 2018, IEA says«, Euractiv, 18. Oktober 2018, https://www.euractiv.com/section/climate-environment/news/bad-news-and-despair-global-carbon-emissions-to-hit-new-record-in-2018-iea-says/?utm_term=Autofeed&utm_medium=social&utm_source=Twitter#Echo-box=1539847251 (abgerufen am 24. 10. 2018).

2. Otto, F. E. L., Philip, S., Kew, S., Li, S., King, A. und Cullen, H. (2018): »Attributing high-impact extreme events across timescales–a case study of four different types of events«, in: *Climatic Change*, 149, 3–4, S. 399–412.